这些餐彻底改变了我！

不节食也能瘦的
营养瘦身餐

欢迎光临营养师的食养厨房

主编｜廖欣仪

新疆人民出版总社
新疆人民卫生出版社

吃对食物，你会享受到前所未见的最佳瘦身效果

　　学了十几年的营养学，接触过无数因肥胖而生病的患者，我能深刻感受到，保持标准的体重才是健康的基础。不过，虽然大家都知道瘦身原则不外乎"少吃、多动"，但是执行起来却不简单。其实，"少吃"是很有技巧的。我经常说："只要你了解食物，就能吃得有饱足感、营养而且低热量。"相反的，不了解食物的人的瘦身之路就会走得很痛苦。有的人晚餐只吃一块菠萝面包，感觉好像很少，但其实一块直径10厘米的菠萝面包热量就有300多千卡，而且热量来源是淀粉类和油脂类，几乎不含优质的纤维跟蛋白质，而且饱足感也很低！因此你才会不到一小时又饿了，于是再去吃其他东西（如饼干、鸡排、奶茶等），结果一餐的热量反而超过八九百千卡，真是白忙一场！

　　尝试过我推出的健康餐的朋友们总会问我："好神奇，平常我早餐、午餐吃得很少，晚餐甚至不吃，却怎么都瘦不下来，但是吃你设计的三餐却可以一周瘦1公斤！"其实，瘦身对营养师来说是一件很简单的事情（相信大家都没有看过胖嘟嘟的营养师吧）。这是因为营养师最了解食物，能善用食物特性达到最理想的效果。所以我希望借由这本书，让读者变成"自己的营养师"，不仅将营养知识运用在自己身上，也可以应用在家人和朋友身上。

　　你可以从本书了解到：为什么你尝试过那么多瘦身方式都徒劳无功？网络流传的瘦身法又可能带来多少副作用？甚至，你可以照着本书所教的方式，量身订作绝对有效的瘦身计划，并了解什么食物可以多吃、少吃，以及外食族又该如何避踩高油、高糖、高盐的致胖"食物地雷"。最后，按照本书的超详细食谱去烹调健康的低卡美食，瘦身效果一定会突飞猛进。尤其，在食安问题层出不穷、化学原料充斥的状况下，我们都应该学会一些好办法让吃进口的食物是安全的，还可以促进身体健康。其实烹调健康美食并不难，书中的瘦身热量计算方式和烹调技巧以及营养小提醒，绝对可以帮你做出色、香、味俱全的无负担美食。

廖欣仪

目录 contents

Ch8 维持好气色的高铁美肤套餐

Ch9 改善水肿的高钙降压套餐

contents

● **Ch10 瘦身时也不能放弃的人气特餐 & 点心** ＋＋＋＋＋＋＋＋＋＋＋＋＋＋＋

Ch 1

Secret!
关于瘦身的
惊人秘密！

无论你是为了美观或是健康，相信这都不是你第一次尝试瘦身。你有想过瘦身失败以及复胖的原因为何吗？其实，最常见的瘦身失败和复胖原因并非无法抵挡口腹之欲，而是"吃错"、"吃得不均衡"所致！记住，只要你吃对了，身体就会调整到最容易瘦身、最能维持效果的状态。

Secret1

瘦身首重吃得好

在一次日本的旅行途中，我发觉到："走了好久，怎么路上都没遇到胖胖的人？"后来，终于有位身材"圆润"的小姐朝我走来，没想到那位小姐却操着一口标准国语请我帮忙拍照，原来，她也是个台湾人。

统计世界各国，就属日本的肥胖人口比例最少，也是平均寿命最长的国家。日本人在养生这项重要的功课上有这么好的成绩，跟他们规律的生活形态与均衡、低钠的饮食习惯有很大的关系。

反观台湾，高热量饮食、少运动的生活习惯造成"东亚胖夫在台湾"的情形。根据调查，台湾成人肥胖人口比例与日本、新加坡、马来西亚、韩国、泰国及大陆等亚洲国家相比，男性以51.5%、女性以35.8%、儿童以25%，均名列亚洲第一。甚至台湾儿童不只是亚洲第一胖，肥胖率也比美、澳、英、德的儿童高。可见我们的生活习惯与饮食习惯一定出错了。

值得借鉴的日本养生之道

生活形态

1. 运动习惯

日本人非常重视身体锻炼，从小学就开始培养孩子们锻炼体格和吃苦精神，期望养成良好的运动风气。而老年人退休后，更是积极地参与体力活动，例如农作、健走、游泳、球类运动等，不仅可以让老年生活多彩多姿，也更充满了活力与健康。

2. 良好睡眠

根据日本研究指出，一天只睡6小时或睡超过8小时的人，寿命比每天睡7小时的人要短。这就表示睡眠不足与睡眠时间过长都不好。虽然多数日本人生活压力大、睡眠时间短，但是根据调查他们是全世界睡眠品质最佳的国家。也就是说睡眠时间长短依个人习性而定，并非一定要睡满7小时或是8小时才叫健康，良好的睡眠习惯才是个中关键。而且根据生理学，白天人体应该要活动，夜晚应该要休息，因此养成早睡早起的习惯是最符合人体生理的作息。

尤其，台湾人对肉类、油脂等食物的消费是全亚洲最高，不仅速食店充斥，食物也多是高油、高糖、高盐。饮食错误加上缺乏运动，就容易造成糖尿病、高血脂、高血压、心脏病和相关慢性病。

饮食习惯

1. 食物种类多，分量适当

大家应不难观察到日本料理常使用小碗碟当容器，而且分量通常以一人份为主（例如定食），这样的配置不仅使菜色多样化，且符合"餐餐八分饱"的原则，不会让人无节制地吃下去。如此一来可以防止肥胖，也是长寿的关键。

2. 每餐营养均衡

传统的日式料理主要有米饭、蔬菜类、香菇、肉类、海鲜、豆腐、水果等食材，尤其大多数的日本人都喜欢新鲜蔬食，身体营养均衡，代谢自然变好。

3. 减少盐的摄取量

日式口味较为低油清淡，不会使用盐、味素等过多的人工添加物，调味自然简单。以少量的白醋、新鲜的辣椒、芥末、天然辛香料等取代盐，可以让美食有特殊风味且不会过咸，甚至有时会以食物的原味呈现。

secret2
你知道吗?
七大死亡原因都跟肥胖有关

● **肥胖不但影响美观，更是慢性病的温床。**
在我国十大死亡原因中，有七项就是与肥胖息息相关的：

排序	十大死亡原因
1	癌症 ★
2	心脏疾病 ★
3	脑血管疾病 ★
4	肺炎
5	糖尿病 ★
6	事故伤害
7	慢性下呼吸道疾病
8	高血压性疾病 ★
9	慢性肝病及肝硬化 ★
10	肾病症候群及肾病变 ★

1. 癌症

根据许多国家的研究，证明多种癌症和肥胖有关。如大肠直肠癌、胃癌、食道癌、肝癌、胆道胆囊癌、胰脏癌、子宫癌，以及女性乳癌等。

2. 心脏疾病

大多数肥胖的人或是饮食油腻的人，血液中容易有大量过氧化脂肪（见下页图一），不但容易形成血栓，还可能造成冠状动脉硬化。这种血栓或动脉硬化的情况可能会让人忽视，但是在长期不均衡的高油饮食之下，血脂肪过高，就会出现心血管阻塞甚至心室肥大等问题，造成心脏病。

减重是否可降低癌症发生率呢？

各国针对肥胖与癌症的研究皆明白地指出：减重的确可减少癌症发生，也可避免其他非癌症疾病，包括心脏血管疾病、糖尿病、退化性关节炎、免疫性疾病等。也就是说，体重过重的人如果减少原来体重的 5% ~ 10%，将可减少罹患糖尿病的机会达 58%。因此，改变错误的饮食形态是非常重要的。维持低盐、低糖、低油、高纤维等良好的饮食控制，规律运动以及适当地减重，远离疾病并不困难。

正常的血管壁，无过多油脂。

过氧化油脂开始沉积于血管壁。

脂肪过度沉积，管壁失去弹性，血流量变小。

图一：形成血栓的血管

3. 脑血管疾病

与心脏病同样的道理，肥胖者血脂肪过高，血管易有血栓，阻塞在心脏称为心脏病，若是阻塞在脑部，就是所谓的脑中风了。

4. 糖尿病

过多的腹部脂肪组织会分泌许多脂肪细胞激素和游离脂肪酸，造成慢性发炎及胰岛素阻抗。因此，肥胖者因胰岛素阻抗及 β 细胞的失能与凋亡，而容易进展成第二型糖尿病。

正常的肝脏，颜色鲜红，大小正常，解毒功能正常。

脂肪肝，颜色暗红，脂肪累积造成肝脏肿胀，甚至有部分可能已经肝硬化。

肝硬化，细胞纤维化，一旦纤维化细胞坏死，肝脏功能下降且不能恢复。

图二：肝硬化的过程

其实借由低油饮食是可以改善脂肪肝的，但是如果罹患脂肪肝后，饮食却仍维持高脂肪高糖，肝脏很快就会纤维化。一旦纤维化，肝细胞就会坏死，肝功能就无法回复了！

5. 高血压性疾病

肥胖者的血管内容易堆积过氧化脂肪，导致血流阻力变大，血管不畅通，管壁弹性变差，最后引起高血压。高血压的肥胖患者，体重如果降低 5 公斤，其收缩压通常可以降低 10mmHg ~ 20mmHg，因此减重对于肥胖的高血压的患者有很大的帮助。

6. 慢性肝病及肝硬化

肝硬化其实就是由脂肪肝衍生而来的。一般脂肪肝常出现在饮食油腻、大鱼大肉或过量饮酒的人身上。这些油脂流经肝脏时会累积成脂肪肝，造成肝纤维化，最后变成慢性肝病或肝硬化（图二）。

多囊性卵巢症病患减重后可增加受孕几率

多囊性卵巢中有很多小而不成熟的卵泡，形成"不排卵"以及"不孕症"的结果。约有一半的病患有肥胖的情况，若能配合减重计划，将可有效降低血中胰岛素和雄性荷尔蒙，并可让排卵正常。所以本身有肥胖的多囊性卵巢症候群病患，如果想增加受孕几率，要将减重视为第一步的治疗。

7. 肾病症候群及肾病变

肥胖者的脂肪细胞会分泌一种发炎物质，去攻击身体内的肾脏，肾脏长期处于发炎的反应下便造成慢性肾炎。在肥胖者身上也常发现有尿蛋白的情形，这些都是会导致肾病变的可能。

11

Secret3
难以阻止的 7 大发胖原因

"我根本没吃什么，怎么一直变胖？"

"明明吃得比他少！怎么还是比他胖？"

"我是喝水都会胖的体质！"

你是不是常有这样的疑问：好像什么都不吃也会胖？身体就像吹气球般，难以遏止这令人苦恼的发胖之势？其实每个人发胖的原因不尽相同，除了饮食习惯不正确之外，还有许多可能的因素，一般常见引起成人肥胖的主要原因如下：

1 饮食不良 偏好甜食、只吃肉不吃水果、有吃宵夜的习惯，爱吃汉堡、炸鸡等高热量食物。

借由健康饮食可改善：√

2 生活行为 有饮酒习惯、应酬，或常因压力、焦虑、沮丧而增加食量。

借由健康饮食可改善：√

3 身体活动量减少 吃得多、运动少，无规律运动习惯者。

借由健康饮食可改善：√

4 年龄 老化会造成新陈代谢率降低，所以易发胖。

借由健康饮食可改善：√

5 药物 例如服用类固醇、避孕药等。

6 遗传因子 瘦素*异常者容易造成摄食过量、体脂肪堆积、能量消耗降低，最后体重上升造成肥胖。

借由健康饮食可改善：√

7 疾病 如库欣氏症候群*、甲状腺机能低下等内分泌疾病，会造成内分泌失调，便一直发胖起来。

大部分的人都可以利用

均衡的健康饮食 + 改变生活形态 + 有氧运动来获得改善。
我们必须揪正错误的肥胖因子，才有可能健康瘦身。

1. 均衡的健康饮食

· 高纤、均衡、低油、少糖、少盐的健康饮食。
· 减少摄取用精制糖做成的食品，如蛋糕、巧克力。
· 减少摄取高热量的酒与含糖饮料。

2. 生活形态

· 三餐定时适量，不可隔餐不吃。
· 睡前 3 小时不要再进食。
· 细嚼慢咽。
· 看电视时不吃东西。
· 不以吃作为奖励方式。

3. 有氧运动

· 选择有氧运动，如快走、慢跑、游泳等。
· 每周至少运动 3 次，每次 30 分钟。
· 运动后心跳达每分钟 130 次以上。

注解：

＊瘦素：
脂肪组织会分泌一种激素叫做瘦素，瘦素会向大脑传递"饱"的讯息，让我们不会再一直吃下去。
当脂肪组织增加，瘦素的浓度随之增加。因此胖的人血液中瘦素浓度过高，造成接收瘦素讯息的
受体异常（称为瘦素阻抗），中枢神经对瘦素变得不敏感使食欲上升，反而吃得更多。

＊库欣氏症候群：
造成主要原因包括：服用过多类固醇，肾上腺皮质肿瘤或脑下垂体激素分泌过多，罹病状如月亮脸、
水牛肩、中广型肥胖（即腹部脂肪囤积但四肢消瘦）等。

Secret 4

你需要瘦吗？判定肥胖的方式

大多数人想瘦身的原因不外乎外观和疾病两种。如果是后者，当然要将"瘦身"当做第一要务来密切注意。然而，胖瘦有时候是见仁见智，从他人的眼光看来相当清瘦，当事者却还是想更瘦。其实，太胖、过瘦都不好，标准判定有 BMI 值、腰围、体脂肪率三种方法可以参考：

身体质量指数（BMI）

所谓的身体质量指数，是从一个人的体重和身高计算出来的数字，用其相对关系来定义肥胖的程度。计算方式为：

$$BMI = 体重（公斤）÷ 身高（米）÷ 身高（米）$$

例如：

身高 170 厘米，体重 80 公斤的人，BMI = 80 ÷ 1.7 ÷ 1.7 = 27.7。属轻度肥胖体型，再不注意饮食与运动，小心三高找上门！

根据研究指出，当 BMI 值低于 18.5 时称为"过瘦"，BMI 过低时死亡率也会增加，原因如下：

1. 人体过瘦时代表内脏脂肪可能不够，内脏脂肪有保护内脏的作用，缺乏时便失去了保护内脏的功能，如果此时人体遭受严重撞击（如车祸），受伤的程度会比 BMI 正常者还要严重。

2. 罹患骨质疏松症、骨折的风险提高。

3. 因为脂肪量不够使体内贺尔蒙分泌异常，造成女性不孕症的发生，且过瘦的女性可能因为缺乏铁质，受孕率降低。

4. 某些过瘦者常会有精神不济的状况，出现晕眩、血压过低而昏倒等现象。

5. 过瘦者容易有免疫力下降的问题，容易受到感染，小则感冒，大则细菌感染引发败血病而造成死亡。

6. 有些人热衷节食，积极地让 BMI 降到 18 以下，长期节食的情况下可能出现厌食症等精神性疾病。

因此瘦身过犹不及，达到建议标准即可。

标准范围判定

1. **体重过轻**：BMI < 18.5
2. **正常范围**：18.5 ≤ BMI < 24
3. **异常范围**
   - **过重**：24 ≤ BMI < 27
   - **轻度肥胖**：27 ≤ BMI < 30
   - **中度肥胖**：30 ≤ BMI < 35
   - **重度肥胖**：BMI ≥ 35

某些特定族群并不适合使用身体质量指数作为评断体重是否标准的依据，例如：

- 运动员或其他肌肉发达者，易高估其体内脂肪的比例。
- 老人与肌肉失用者（例如小儿麻痹患者、肌肉萎缩者），其体内脂肪的比例容易低估。
- 孕妇在孕期时有另外的体重算法，因此不适合用 BMI 作为标准。

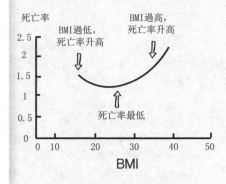

身体质量指数与死亡率的相关性

腰围

腰围与内脏脂肪有相关性。腰围愈大者内脏脂肪愈多，罹患高脂血症、高血压、糖尿病、心脏血管疾病等机会将呈倍数增加。此外，因为体重的负荷，也易引起腰椎前弯、腰痛、椎间盘损伤、坐骨神经痛、骨质疏松、变形性膝关节炎等骨骼性疾病。

正确量腰围的方法是将皮尺绕过腰部，调整皮尺高度在左右两侧肠骨上缘（侧腰骨盆上端骨头）、肋骨下缘的中间点，并让皮尺与地面保持水平，紧贴而不挤压皮肤，在吐气结束时量取腰围。一般建议男性腰围应＜90厘米（约35.5寸），女性腰围应＜80厘米（约31.5寸），若腰围太大就要注意！

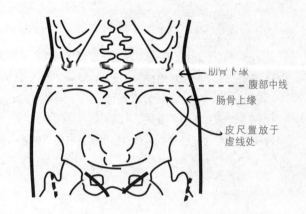

肋骨下缘
腹部中线
肠骨上缘
皮尺置放于虚线处

体脂肪率

我们可利用体脂机测量体脂肪率。体脂机是利用水分导电、脂肪不导电的原理，以微量电流通过人体测量电阻，计算出"人体脂肪"与"体重"之百分比即为体脂肪率。

一般而言，男生正常体脂率大约在14％～23％之间，女生大约在17％～27％之间，年龄愈大体脂率会愈高。若成年男性的体脂肪率超过25％、成年女性超过30％就属于肥胖，如果在警戒区内，则表示要开始随时监测体脂肪。

其实看起来胖的人，体脂肪率不一定高。我们总以为相扑选手拥有惊人的体脂肪，但其实他们的体脂肪率可能比不运动的人都还要低。这是因为运动选手们的肌肉比例高，脂肪比例低，体脂肪的比率就会下降。像许多上班族常吃甜食又少运动，长时间处于久坐或静态的工作环境，囤积脂肪的机会就多，因此外表看起来不胖，但内在的体脂肪率却很高，也就是所谓的"泡芙型肥胖"。

Secret5 这样吃并不会变瘦！ 瘦身迷思大解密

Q1.
不要吃早餐就不会胖？

A： 有人的瘦身方法就是不吃早餐，感觉似乎借由少摄取一点热量，而达到瘦身效果。但其实瘦身的关键在于总热量的控制，并非少吃一餐的缘故。如果你不吃早餐，午、晚餐却吃进过高的热量，同样达不到理想的瘦身效果，而且长期不吃早餐会造成胃溃疡、胃酸过多等状况。早餐是很重要的一餐，应该要重质不重量。你可以选择清淡一点的食物，将热量控制在 200～300 千卡。且有的人早餐不吃、午餐吃很多、晚餐吃很少，长期大小餐反而会撑大胃容量，之后就需要吃更多才有饱足感，复胖几率就大大地提升，因此我们应该计算总热量，并平均分配三餐，而不要舍弃某餐不吃。

Q2.
瘦身时不能吃宵夜？

A：

其实，瘦身时还是可以吃宵夜的，只要注意几个原则：

1. **注意总热量：** 如果你一天的瘦身热量应摄取 1200 千卡，结果你三餐吃起来总共只有 1000 千卡，那你可以再摄取 200 千卡以内的食物当宵夜，加总不要超过 1200 千卡即可。（注："瘦身热量"请见 P.26）

2. **选择好消化的食物：** 晚上活动量低，消化较慢，所以不要选择不易消化的食物当点心，如高脂食品、油炸物、巧克力、过辣的食物和过于刺激的食物。另外，豆制品、玉米含有一些人体较难消化的纤维质，如果没有仔细咀嚼容易腹痛、腹胀。建议选择蔬菜、水果、瘦肉、鱼肉等较容易消化的食物。

3. **以蔬菜类为主：** 菇类、包菜等蔬菜煮成的蔬菜汤，纤维质高热量低，又可以提供饱足感。

4. **不要摄取单糖类食物：** 如糕饼、蛋糕、夹心饼干，这些点心含糖量太高，容易分泌过多的胃酸。

5. **睡前三小时不要进食：** 我们吃完食物后，胃需要二至三个小时才能排空，如果吃完马上睡觉，胃里的食物根本还没消化到小肠中，容易堆积在胃中造成负担。

Q3.
水果是低热量食物，可以无限量地吃？

A： 水果虽然属于高纤低卡的食物，但是如果没有节制，热量还是会过高。举例来说，一颗拳头大小的柳橙约60千卡，如果一次吃了四颗，热量就有240千卡，几乎挤近一碗饭的热量。这样我们还可以无限量地吃水果吗？当然不行啰！一般建议每人每天约吃2～3份水果即足够（每份约3/4碗），可平均分配在三餐中。至于餐前吃或是餐后吃其实差异不大。但是餐前食用一份水果，可以增加一点饱足感，让饭量减少。不过如果是有胃食道逆流、胃溃疡等症状的人，最好饭后吃较理想。或是有吃点心习惯的人，可以把水果当成下午茶或夜点来吃，缓解餐与餐之间的饥饿感。

Q4.
瘦身时完全不能吃零食或点心？

A： 如果学会总热量控制，当然可以吃适量的点心。假设一天的瘦身热量为1200千卡，早餐300千卡，午、晚餐各吃400千卡，加总起来的热量等于1100千卡，这样你还可以吃个100千卡的点心，也就是只要计算包装上的分量，将热量控制在100千卡内，你想吃低脂酸奶1杯、苏打饼干1小包、菠萝酥一个，甚至是黑巧克力，皆可。

Q5.
市售低卡、零热量的点心，吃多没关系？

A： 市售零食包装上标示"低卡"，代表每100克热量小于40千卡，但是我们如果没有注意"分量标示"，热量还是会超标。假如一包标榜高纤低卡的饼干100克有40千卡，一包是300克，如果我们把整包吃完就吃进120千卡了，所以还是得学会看营养标示，计算热量后再吃。且有些低卡点心的钠含量是很高的，例如海苔10克就含有354毫克的钠，容易让人水肿，高血压、心衰竭以及肾脏病患者都不适合食用。

Q6.
瘦身时完全不能摄取油脂吗？

A： 这是完全错误的观念。因为许多营养素需要油脂才可增加其吸收率，所以即使是瘦身时期也要适量摄取油脂。像是脂溶性的维生素A、D、E、K都是与油脂并存的维生素，缺了油脂便难以被身体吸收。只是我们可以减少油脂的摄取量，或是改吃植物性油脂，避免摄取过量的油炸物或动物性脂肪即可。

Q7.
吃素食就会变瘦吗？

A： 由于素食的食材较为简单，因此有些人烹调时会添加大量的油脂、糖、盐和其他调味品来增添风味。这些做法让美食增加过多的热量与不必要的糖、盐，使我们不知不觉中吃进很多添加物。因此就算吃素食，如果没有注意烹调法，或是经常食用素食加工品，不仅瘦不了，还可能危害健康。

Secret6 大剖析！造成身体危机的错误饮食瘦身法

有些瘦身法如"水果瘦身法"、"只吃肉不吃淀粉"等，因为网络渲染或名人话题制造，总是引起一窝蜂的仿效风潮。其实这些方式皆为不均衡且会伤害人体代谢机制的错误方法。水果瘦身法只摄取糖类跟部分维生素及矿物质，在长期缺乏蛋白质及脂肪的状况下，会造成人体荷尔蒙失调（如女性的生理期失调）。至于只吃肉类不吃淀粉瘦身法更是糟糕，因为这样会让身体的酮酸增加，当酮酸过多时容易出现脱水的现象，因此在实行瘦身计划的前两天因为水分的流失，体重的确会下降，但是一旦恢复一般饮食，体重就会回来了。而且研究指出，吃肉瘦身法会增加心血管疾病的罹患率，所以强烈不建议。

错误饮食减肥法对身体所造成的不良影响

心血管疾病危机
只吃肉不吃淀粉

食用大量肉类不吃淀粉类让人体产生大量酮酸，使得食欲下降、进食量减少、腹泻、脱水，造成体重下降的假象，但酮酸中毒会让血中胆固醇上升，容易造成心脏病、肾病等并发症。

代谢异常危机
水果瘦身法

利用水果的纤维增加饱足感，因为只吃水果，热量相较于淀粉类或肉类低而达到瘦身目的，但因蛋白质、脂肪不足，容易造成身体代谢异常。

体重反升危机
减少餐次法

一天只吃一餐或是两餐，会造成空腹时间拉长，且肠胃道对营养吸收状况反而更好，如果热量摄取控制不佳的话，体重不降反升。

营养不良危机
蔬菜瘦身汤

一整天只吃蔬菜汤，虽然低热量但缺乏蛋白质，易造成严重营养不良，长期下来甚至引起代谢异常。如果将蔬菜汤取代某一餐，而另外两餐仍为均衡低油饮食，这样较为适当。

吃进过多加工品危机
吃素瘦身法

素食者的蛋白质来源为豆制品或面制品，其实热量跟肉类是差不多的，且素食加工品多为高脂、高糖食品，吃多了反而容易肥胖。吃素时应选择天然食材，不过度摄取加工品才是正确的。

代谢并发症危机
减肥茶或减肥糖

通常此类食品可能含有利尿剂会让身体脱水，甚至含有不明药物让人体代谢加速，一旦停用后，体重很容易复胖，且会造成许多代谢性的并发症。

Ch 2

一瘦就是一辈子的瘦身法

你是否也有过"唉呀！我好像胖了，以后都不吃晚餐好了"或是"我知道我很瘦了，不过屁股再小一点、腰再细一点、大腿再……就更好"的想法？瘦身不能漫无章法，想节食就节食、想运动就运动，不但容易让你陷入无止境的复胖循环，还会打乱身体的生理运作节奏，影响健康。

自订瘦身计划的步骤

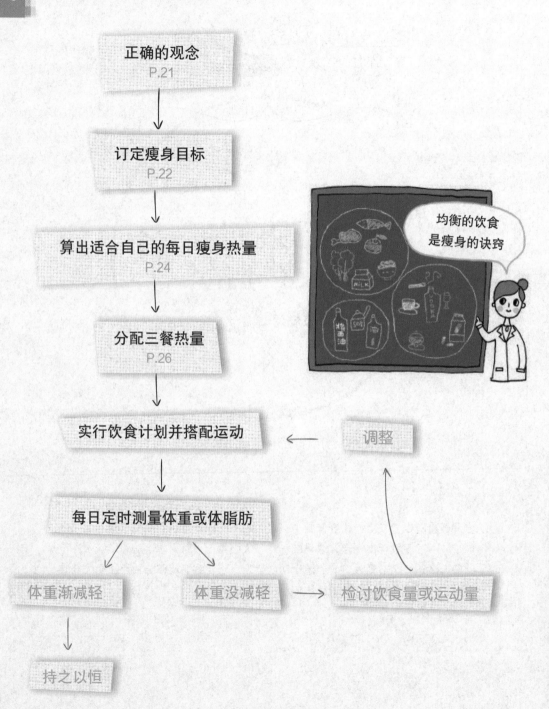

正确的观念
P.21

↓

订定瘦身目标
P.22

↓

算出适合自己的每日瘦身热量
P.24

↓

分配三餐热量
P.26

↓

实行饮食计划并搭配运动 ← 调整

↓

每日定时测量体重或体脂肪

↙ ↘

体重渐减轻　　体重没减轻 → 检讨饮食量或运动量 ↑

↓

持之以恒

均衡的饮食
是瘦身的诀窍

正确的观念
没吃进营养，吃得再少都不可能瘦下来！

首先出发点要正确：我们是为了健康而瘦身，维持标准体型即可，美观是其附加价值，因此要选择最健康的瘦身方法，养成正确的饮食习惯、规律地运动，才不会陷入无止境的瘦身、复胖的循环之中。

想瘦身的人都知道控制饮食的重要性，但在减少热量摄取的同时，也可能同时降低营养素的摄取量。其实只要吃进对的营养素，餐餐节食的效果还不如三餐都正常吃。我们必须了解身体能量代谢需要糖类、蛋白质、脂肪、水分、维生素、矿物质等营养素，只要缺乏了某一种营养素，身体机能就会受影响，代谢异常了，即使你吃得再少，体重也不会下降。

当身体缺乏某一项营养素时，人体代谢就会变差，甚至出现后遗症，这也就是江湖上流传有些"断食瘦身法"、"吃肉瘦身法"等不良方法，会造成人体贺尔蒙失调、晕眩、酮酸中毒等的不良影响的原因。而且不良的瘦身法复胖率极高，不但赔上健康还瘦不了，真的是得不偿失。

身体能量代谢需要以下营养素，缺一不可！

营养素种类	主要功能	产生热量
糖类	1. 产生热量 2. 节省蛋白质的消耗 3. 维持脂肪正常代谢	1 克产生 4 千卡
蛋白质	1. 产生热量 2. 修补及构成细胞组织 3. 调节生化功能，如酵素、抗体、荷尔蒙的合成	1 克产生 4 千卡
油脂	1. 产生热量 2. 帮助脂溶性维生素的吸收与利用 3. 增加饱足感延缓胃排空 4. 绝缘支持与保护作用	1 克产生 9 千卡
维生素	1. 辅助生化代谢中辅酶或酵素的作用 2. 调节新陈代谢	不产生热量
矿物质	1. 维持酸碱平衡及渗透压 2. 构成身体细胞组织的原料	不产生热量
水	1. 生化代谢的媒介 2. 维持电解质与酸碱平衡	不产生热量

订定瘦身目标
这样算出瘦得漂亮的理想体重

想要达到瘦身效果，我们可以用"理想体重"作为标准，帮自己设定一个目标，才可以督促自己尽力完成，达到目标以后也可以给自己一个奖品作为鼓励（奖励可以是买件漂亮的衣服或计划旅游，而非再去吃个大餐喔）。计算标准体重的公式有三种，如下表：

标准体重：维持健康的体重

(1)	BMI 公式	身高（米）× 身高（米）× 22	较常使用，计算方式简易，不分男女。
(2)	国际上常用（比较适合东方人）	标准身男：{身高（厘米）－ 100}× 0.9	此二种公式较少用，而且男女的计算方式不一样。
		标准身女：{身高（厘米）－ 100}× 0.9-2.5	
(3)	世界卫生组织	男：{身高（厘米）－ 80}× 0.7	
		女：{身高（厘米）－ 70}× 0.6	

在标准体重 ± 10% 的范围内，皆属于正常体重范围。

● 有人会认为，以上三种方式算出来的体重，对于某些女生来说，好像看起来还是很胖！
此时我们可以利用以下两种算法，算出瘦身目标体重。

美容体重：身体感觉轻盈的体重

身高（米）× 身高（米）× 19

例如：身高 160 厘米的人，美容体重是 1.6 × 1.6 × 19 ＝ 48.64 公斤

极限体重：再瘦会危害身体的体重

身高（米）× 身高（米）× 18.5

例如：身高 160 厘米的人，

极限体重是 1.6 × 1.6 × 18.5 ＝ 47.36 公斤
代表体重不可低于 47.36 公斤喔！低于 47.36 公斤者，
BMI 已低于 18.5，反而影响身体健康！

美容和极限体重这两种算法是为了瘦身而衍生出来的，并非医界所推崇。

医界计算理想体重是以"健康"，而非以"美观"为标准，但是为了解决大多数人所在意的美观问题，而在安全范围内设计出"美容体重"和"极限体重"的算法。

瘦身目标设为一周瘦 0.5~1 公斤，才能减到脂肪

理想的瘦身速度是一周减 0.5 ~ 1 公斤，这样的速度才能确保你减掉的都是脂肪，而非肌肉组织或水分，代谢率就不会愈来愈低，也不容易复胖。反之，当减肥的速度过快时，身体的健康就会亮起红灯。以下是快速减肥后容易造成的不良影响：

1. 溜溜球效应

快速瘦身法减去的大多是水分与肌肉，一旦恢复原来饮食，就会快速复胖。在不断反复减重过程中，便产生溜溜球效应，导致身体的体脂率过高，新陈代谢率下降，陷入愈减愈难减、愈减愈胖的恶性循环中。

2. 肌肉蛋白质分解

快速瘦身法多靠着摄取极低热量，如果营养不均衡或营养素摄取不足，容易造成肌肉蛋白质分解，有代谢症候群的人会因此罹患高尿酸血症（俗称痛风）。

3. 免疫力下降

肌肉蛋白流失也会让制造淋巴球的原料不足，淋巴球产量减少将使人体抵抗力减弱，容易感冒、生病。

4. 器官功能失调

大量水分流失加上肌肉蛋白分解，也可能造成暂时性的肝、肾功能失调，以及影响肠胃功能，发生消化不良或肠胃道疾病等不良结果。

5. 皮肤失去光泽与弹性、容易掉发

极低热量的饮食虽然瘦得快，但多数会造成营养素摄取不足，使体内新陈代谢不正常，皮肤也会因营养素不足或荷尔蒙代谢不正常，而发生皮肤变差、粗糙、易生痘痘等情形，也会引起掉发、发色枯黄、发质干燥等症状。

6. 月经失调

女性在体重骤降的情况下，最常发生的是月经周期混乱、不规则，严重者则会无月经。这些都是因为不当的瘦身方式，造成荷尔蒙代谢异常，而引发停经或经期混乱等情形。

试想，如果我们能按部就班一周至少减 0.5 公斤，维持一个月也可以减下 2 公斤，持续控制两个月就能瘦下 4 公斤！能够健康享瘦，何乐而不为呢？

当拟定瘦身目标后，最重要的就是饮食控制和运动相辅相成。少吃高热量、高油脂、高糖的食物，减少热量的摄取；另一方面配合有氧运动，才可以提升基础代谢率消耗脂肪，增加肌肉弹性并维持骨密度喔！

$step3$ 算出适合自己的每日瘦身热量
热量平衡，你就不会发胖

每个人的瘦身热量标准都不一样，不是人人都吃1200千卡就会变瘦，当然也不是热量愈低愈好。例如：身高160厘米，体重60公斤的28岁女护士，每日摄取1400千卡就会达到瘦身效果；但是1400千卡对于身高160厘米、体重60公斤的40岁家庭主妇来说，可能就没有效果了。因为年龄、活动量等因素的差异，都会影响热量消耗的情况。因此对于家庭主妇来说，她的活动量可能小于女护士，且年龄较大、代谢较慢，所以她的瘦身热量可能必须要降到1200千卡以下才会有瘦身效果。这也就是我们必须算出个人的"瘦身热量"才能有效瘦身的原因。

人体每日所消耗的热量就代表所需要的热量，如同汽车加多少的汽油量就可行走多少里程一样。成人消耗的热量主要利用在三方面：基础代谢、活动、食物产能。因此总消耗热量 = 基础代谢量 + 活动量 + 食物产热。也就是说，体重控制和能量代谢有关。当你每日所消耗的热量刚好能抵消所摄取的热量时，就代表达到热量平衡，身体便不会发胖。

> 热量平衡 = 摄取的热量 − 消耗的热量 = 0

根据能量不灭定律，能量不会无中生有，也不会平白消失，但是能量可以转换，由一种形式转变成另一种形式。人体利用摄取食物来产生能量，过多未消耗的能量转变成脂肪储存起来，摄取过多的热量便会使体重增加。

热量平衡关系可分为：正平衡、平衡与负平衡三种状态

分别对应的体重变化如下：

> 正平衡：
> **摄取的热量＞消耗的热量，则体重增加**
>
> 平衡：
> **摄取的热量＝消耗的热量，则维持目前体重**
>
> 负平衡：
> **摄取的热量＜消耗的热量，则体重减轻**

图：热量摄取与体重变化之关系
注意！由于成长阶段和怀孕阶段需要额外消耗热量以供建构新组织，因此发育期或怀孕期需要的热量会高一点，如果需要在此时期控制体重，一定要先询问医生与营养师的建议。

热量摄取2000千卡／天

热量消耗1500千卡／天

正平衡：体重增加

热量消耗2000千卡／天

平衡：体重不变

热量消耗2500千卡／天

负平衡：体重减少

我们知道热量摄取与体重变化的关系后，就能了解瘦身时限制热量的重要性。如果我们摄取的热量比消耗量低的话，就可以达到瘦身效果。以下简单介绍"体重计算法"、"基础代谢率（BMR，Basal Metabolic Rate）计算法"两种方法，让大家可以简单计算出自己的"瘦身热量"。

体重计算法： 将每日需求热量减掉 500～1000 千卡即可。

Step1： 先算出自己的每日需求热量（也就是你每天可能消耗的热量）。

> 每人每日需求热量＝目前体重（公斤）✕活动系数（千卡）

工作程度	工作内容	活动系数
轻度	家务或办公桌工作（学生、上班族、售货员等）	30
中度	需经常走动但不粗重的工作（保安、护士、服务生等）	35
重度	挑石、搬运等粗重工作（运动员、搬家工人、务农等）	40

Step2： 接下来将算出的每日需求热量，再减去 500～1000 千卡，即可得到瘦身热量。

● 举例

身高 170 厘米，体重 80 公斤的上班族小陈，开车上下班，无运动习惯，属于轻度工作者，故他的每日需求热量：

80 × 30 ＝ 2400 千卡，也就是如果小陈每日摄取 2400 千卡，则可维持目前 80 公斤的体重。

瘦身热量＝每日需求热量减少 500～1000 千卡热量，因此：

2400 － 500 ＝ 1900 千卡，2400 － 1000 ＝ 1400 千卡。

所以，小陈瘦身热量可以设为 1400～1900 千卡。

想要减去 1 公斤的脂肪，就必须要减少 7700 千卡的热量，因此以每天降低 500 千卡热量的饮食控制方式减肥，大约每周可瘦下 0.5 公斤，而且没有复胖的疑虑。

使用体重计算法比较简易，但如果想要区分性别、年龄等不同的因子，可使用基础代谢率（BMR）计算法。

基础代谢率（BMR， Basal Metabolic Rate）计算法

因为人体消耗的热量＝基础代谢量＋活动量＋食物产热，所以当我们每日摄取热量只到达基础代谢量时，每日活动量与食物产热的热量就会多出来，达成负平衡（摄取的热量＜消耗的热量），所以体重会逐渐减轻。因此我们可以直接用基础代谢率当做每日瘦身热量。公式如下：

> 基础代谢率（BMR）＝
> 男性：66 ＋（13.7 × 体重（公斤））＋（5 × 身高（厘米））－（6.8 × 年龄）
> 女性：655 ＋（9.6 × 体重（公斤））＋（1.7 × 身高（厘米））－（4.7 × 年龄）

● 举例：170 厘米，70kg 的 40 岁男性

66 ＋（13.7 × 70）＋（5 × 170）－（6.8 × 40 岁）

基础代谢率：1603 千卡。

故瘦身热量可以设为 1603 千卡

● 举例：160 厘米，55 公斤的 40 岁女性

655 ＋（9.6 × 55）＋（1.7 × 160）－（4.7 × 40 岁）

基础代谢率：1267 千卡。

故瘦身热量可以设为 1267 千卡。

Step4 分配三餐的热量
照着目标吃，瘦下来可以变得很简单

● **将计算出来的瘦身热量，按照三餐习惯去分配热量：**

假设计算出来的瘦身热量一天是 1267 千卡，分成三餐的热量为：

早餐	中餐	晚餐
300 千卡	500 千卡	500 千卡

或是依照生活习惯不同（例如你很早吃早餐，早上需要多一点热量），也可分为：

早餐	中餐	晚餐
450 千卡	450 千卡	400 千卡

只要三餐按照这个目标热量去吃，就可以维持适当的热量啰！

Ch 3

计算每一餐
的食物热量

分配好一日三餐的热量之后，接下来当然就是照着计划执行。但是你可能会疑惑："我又不是营养师，怎么知道一餐吃进多少热量？" 虽然有些食品包装上有热量标示可以方便计算，但是当我们自己煮饭或是外食时，便无法计算热量，常吃过量而不自知。因此学会计算食物热量后，你也可以做自己的营养师！

Method1
认识六大类食物
才不会"看走眼"

常常有人会将玉米、南瓜、番薯当成蔬菜无限量地吃，而落入发胖陷阱。其实这些食物都属于淀粉类，吃一碗玉米粒就等于吃一碗的饭，所以反而愈减愈胖。也因此只有先学会认识食物，了解每种食物的特性与营养素，才能聪明吃、健康瘦。

成人每日饮食指南将食物分成六大类，包含"全谷根茎类"、"豆鱼肉蛋类"、"蔬菜类"、"水果类"、"低脂乳品类"、"油脂与坚果种子类"。

1. 全谷根茎类

也就是我们常吃的主食类，如米饭、面、面包、红豆、玉米、芋头、莲子等食物，主要提供糖类、蛋白质以维持生理机能。不过，现在我们吃的主食类过于精致化，营养成分容易因加工而被去除。例如白米因除麸皮和胚芽，连带去除许多维生素和矿物质等营养素，仅剩碳水化合物提供热量而已，营养价值远低于糙米、薏仁、小麦、全荞麦或杂粮这些全谷类。

Notice !

瘦身期间建议大家以全谷类食物作为主食来源，因为全谷类的水溶性纤维具有延缓胃排空的作用，让人比较不会有饥饿感。全谷类还富含非水溶性纤维，可促进胃肠道蠕动，缩短食物在大肠中的滞留时间，减少了有害物质被大肠吸收的机会，进而调整肠内菌丛生态，改善便秘，预防大肠癌。这也是现在提倡每天三餐至少要有一餐食用全谷类的原因。对于习惯吃白米饭的人，可先添加少量的全谷类于白米之中，之后再慢慢地增加全谷类的比例。

2. 豆鱼肉蛋类

如猪肉、鸡肉、鱼肉、海鲜、蛋等，主要提供蛋白质、脂肪、维生素和矿物质。黄豆制品如豆腐、豆干则是属于植物性蛋白质的来源，含有丰富的钙质。有的人瘦身时不敢吃肉，建议可选择比较低脂的肉类部位或豆制品，既可获得优质蛋白质，也不用怕吃下过多的油脂。墨鱼、小卷、瘦猪腿肉、鸡胸肉、牛腱、一般鱼类等都是属于低脂的豆鱼肉蛋类。

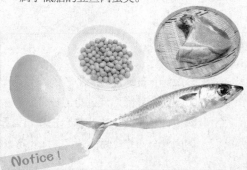

Notice !

带皮的肉如猪皮、鸭皮、鱼皮，看得到白色脂肪的肉如五花肉、梅花肉、猪肠、鱼肚，绞肉制品如香肠、热狗、贡丸、包子肉馅、火锅饺类等，还有一些会用油烹调过的加工品如肉松、油豆腐等，这些都是属于高脂的豆鱼肉蛋类，要尽量避免才行。

蔬菜的种类很多，根据食用的部位可区分为叶菜类（如菠菜、包菜）、花菜类（如西兰花）、根菜类（如萝卜、凉薯）、果菜类（如青椒、茄子）、豆菜类（如四季豆、豌豆荚）等。主要提供糖类、维生素、矿物质及纤维质。蔬菜的颜色愈深绿或深黄，含有愈多的维生素 A、C 和矿物质铁、钙等营养元素。

Notice！

蔬菜中含有很多有益于人体的植化素，如花青素、胡萝卜素、类黄酮素、茄红素等，具有抗发炎、抗癌、抗老化等效果。具有较强烈香气的蔬菜如洋葱、大蒜等，则富含有利于抗癌的硫化合物。从大蒜提炼而成的蒜精，即是方便食用的抗癌保健食品。

4. 水果类

水果类的蛋白质和脂肪含量较少，主要提供糖类、维生素、矿物质、纤维质，大家不妨一天至少吃两种水果。此外，蔬果外皮也含营养成分，如苹果皮、葡萄皮等，具有纤维素帮助肠胃蠕动；多酚类物质则可抗氧化，因此尽量连同外皮一起食用。

Notice！

水果整颗直接食用最好，不要打成果汁饮用，避免维生素因为搅打过程受氧化而流失。

5. 低脂乳品类

奶类食品包括鲜奶、低脂奶、脱脂奶、奶粉、炼乳、酸奶、酸奶、乳酪等，主要提供蛋白质、糖类、脂肪、维生素、矿物质。跟豆鱼肉蛋类一样，我们可以选择低脂奶取代全脂奶。虽然低脂奶少了一半的脂肪量，但是主要营养素如蛋白质和钙质并不会减少，因此建议选用低脂乳品来降低油脂摄取。

Notice！

市售的拿铁咖啡为增添风味大多使用全脂奶，因此如果你想自制拿铁咖啡或鲜奶茶饮品，可以选择低脂奶，避免摄取过多的油脂，又美味健康。

6. 油脂与坚果种子类

油脂类就是我们平时的烹调用油，如花生油、大豆油、葵花油、芝麻油等植物油，和猪油、鸡油、牛油等动物油，以及腰果、花生、瓜子等坚果种子类。油脂类食物皆含有丰富的脂肪，能提供热量和脂溶性维生素A、E。动物油含有较多的饱和脂肪和胆固醇，不适合高脂血症的患者使用，日常饮食所使用的食用油应该以含单元不饱和脂肪酸较多的橄榄油、苦茶油、芥花油、花生油等植物油为主。

坚果中的油脂是以单元不饱和脂肪酸为主，有利于提高血中好胆固醇（HDL-C）的浓度，降低体内坏的胆固醇（LDL-C），具有降血脂的作用，减少心血管疾病的发生。坚果中的维生素和矿物质更是丰富，富含矿物质镁、铜、锰、硒和维生素A、C、E，抗氧化功能非常好，且坚果富含维生素B群，可帮助体内各种营养素的代谢。

Notice !

坚果含有高量脂肪，平时应该适量摄取或用来取代食用油。例如过年时，我们常会吃些瓜子、开心果等坚果点心，这时年夜饭不妨使用无油烹调法，如蒸的、烤的，不要用煎的、炸的，就可以摄取到坚果类的高矿物质与维生素的好油脂，热量也不会超标。

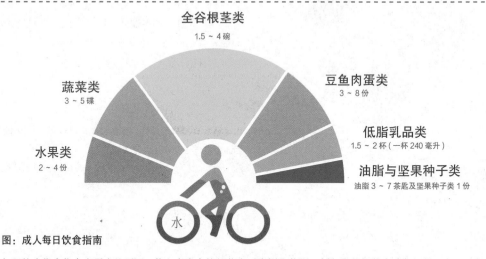

图：成人每日饮食指南

每日饮食指南依个人需求的不同，将六大类食物规范出适当摄取范围。例如全谷根茎类建议量是1.5～4碗，比较瘦小的女生，可能一天加起来的全谷类共1.5碗；如果是工作量较大的男生，一天就会吃到4碗。至于想瘦身的人，为了减少热量摄取，可减少主食类份数。但原则上每天仍至少要吃1～1.5碗全谷根茎类，并分配在早、中、晚餐，例如三餐各0.5碗，三餐加起来刚好1.5碗。其余4大类食物仍照建议量摄取，包括低脂奶类每天约240毫升、水果2份（1份大约3/4碗左右）、蔬菜3份（煮熟后约每份1/2碗）、肉鱼豆蛋类4份（每份包含如肉或鱼1两、豆腐1块80克、蛋1个）。而油脂类部分，刚开始瘦身时，烹调方式全部改为蒸、烤、煮、烫、炖等方式，而不用油炒或油煎，待1～2周后再逐渐增加油脂份数至每天约2汤匙的低油饮食。

食物代换表的使用方法

从食物代换表中可以清楚看出各类食物每一份的重量，以下挑出奶类与五谷类做例子：

各类别食物的每份重量表

奶类

全脂奶

每份含蛋白质 8 克，脂肪 8 克，糖类有 12 克，热量 150 千卡

名称	分量	计量
全脂奶	1 杯	240 毫升
全脂奶粉	4 汤匙	30 克
蒸发奶	1/2 杯	120 毫升

低脂奶

每份含蛋白质 8 克，脂肪 8 克，糖类有 12 克，热量 150 千卡

名称	分量	计量
低脂奶	1 杯	240 毫升
低脂奶粉	3 汤匙	25 克

脱脂奶

每份含蛋白质 8 克，糖类有 12 克，热量 80 千卡

名称	分量	计量
脱脂奶	1 杯	240 毫升
脱脂奶粉	3 汤匙	25 克

例如：全脂奶 240 毫升称为 1 份。1 份全脂奶的蛋白质是 8 克，脂肪 8 克，糖类 12 克，总热量是 150 千卡。

因此我们只要喝到 240 毫升的全脂奶，就概算热量为 150 千卡，如果喝了 300 毫升的全脂奶，则是 300 ÷ 240 × 150 千卡＝187.5 千卡。

五谷根茎类

每份含蛋白质 2 克，糖类有 15 克，热量 70 千卡

名称	分量	可食重量（g）	名称	分量	可食重量（g）
米类			苏打饼干	3 片	20
米、小米、糯米等	1/8 杯（米杯）	20	烧饼（+1/2 茶匙油）	1/4 根	20
饭	1/4 杯碗	50	油条（+1/2 茶匙油）	1/3 根	15
粥（稠）	1/2 杯碗	125	甜不辣		35
白年糕		30	根茎类		
芋头糕		60	土豆（3 个 / 斤）	1/2 个（中）	90
萝萄糕 6x8x1.5 厘米 1 块		50	番薯（4 个 / 斤）	1/2 个（小）	55
猪血糕		35	山药	1 块	100
小汤圆	约 10 粒	30			

干饭 50 克称为 1 份，1 份 70 千卡，所以 100 克的干饭就等于 2 份主食类，等于 70 × 2＝140 千卡。依此类推，如果你一餐吃了 200 克的饭加上猪血糕 35 克，这样加起来的热量就有 280 卡（4 份主食）+70 千卡（1 份主食）＝350 千卡。

食物代换表将每样食物都清楚地列出营养素和热量，但是我们平常估算的时候，并不需要时时刻刻带着食物代换表，我们只要把以下的表格牢记即可灵活运用：

各类食物1份概念的简介

营养素 类别	分量 （份）	蛋白质 （克）	脂肪 （克）	糖类 （克）	热量 （千卡）	举例	
全脂奶	1	8	8	12	150	全脂奶 240 毫升	全脂奶粉 30 克
低脂奶	1	8	4	12	120	低脂奶 240 毫升	低脂奶粉 25 克
脱脂奶	1	8	–	12	80	脱脂奶 240 毫升	脱脂奶粉 25 克
主食类	1	2	–	15	70	干饭 50 克	稀饭 125 克
肉鱼豆蛋类	1	7	5	–	75	猪肉 35 克	鸡腿肉 35 克
蔬菜类	1	1	–	5	25	菠菜 100 克 （生重）	洋葱 100 克 （生重）
水果类	1	–	–	15	60	西瓜 180 克	柳橙 130 克
油脂类	1	–	5	–	45	沙拉油 1 茶匙	花生米 10 粒

由这个简表看得出来，1 份蔬菜的热量只有 25 千卡，如果不使用油去烹调，一份烫熟的菠菜（100 克菠菜烫起来约半碗的量）只有 25 千卡，但是如果有用油去炒，还需加上 1 茶匙的油（45 千卡），这样炒一盘波菜的热量就是 45 ＋ 25 ＝ 70 千卡。

假如当我们做一道青椒炒肉丝时，我们可以知道这道菜是由青椒（蔬菜类）＋肉丝（肉类）＋油（油脂类）所构成。所以，要先秤出青椒的与肉丝的分量，例如 100 克的青椒＋ 70 克的肉丝，再加上 1 茶匙的油去炒，所以总热量就等于：

油的热量

$$(100 \div 100 \times 25) + (70 \div 35 \times 75) + (45) = (220 \text{千卡})$$

青椒的热量　　　　　肉丝的热量　　　　　青椒炒肉丝的热量

Method3
简易食物分量代换法，
用看的不用秤重！

学会看食物代换表后，你已经知道 1 份主食 = 70 千卡 = 饭 50 克 = 粥 125 克 = 面条 60 克 = 吐司 25 克。但是我们还会有个问题：我怎么知道我所吃的这碗饭有多少重量？营养师在外吃饭并没有带着秤，可是却对各项食物的热量一目了然，这是怎么做到的呢？其实营养师对于食物重量是用目测法去概算的——一餐该吃多少用看的就好！

我们可以用日常生活中最常接触的测量工具如饭碗、手掌、汤匙等易取得的工具来目测计量，就可以精准计算又方便！

六大类食物	每一份热量（千卡）	图示分量		相等量	食物名称或种类
		杯、碗、汤匙	手掌、拳头		
奶类	高脂：150 千卡 低脂：120 千卡 脱脂：80 千卡		–	240 毫升	高、低、脱脂鲜奶
	高脂：150 千卡 低脂：120 千卡 脱脂：80 千卡		–	一片	起司
五谷根茎类	70 千卡	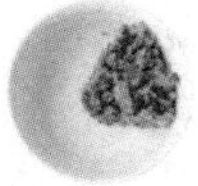		1/4 碗 1/4 拳头	干饭类或水分较少的主食类都视作干饭类，如 糙米饭、杂粮饭、白米饭、玉米粒、绿豆、红豆、粉圆
	70 千卡	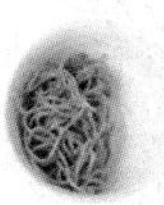		1/2 碗 1/2 拳头	水份较多、体积蓬松的主食类都视作稀饭类，如 熟面条、稀饭、米粉、冬粉、西谷米
	70 千卡		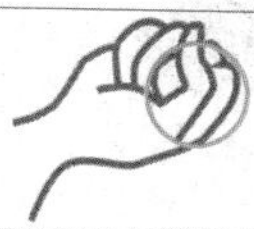	1/3 碗 1/3 拳头	其他根茎类食材，如 芋头、蕃薯、山药、土豆、薏仁、莲子
	70 千卡		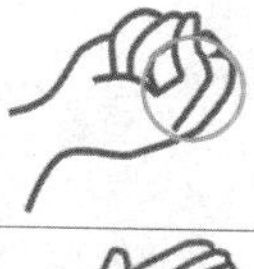	1/3 碗 1/3 拳头	馒头、面包
	70 千卡	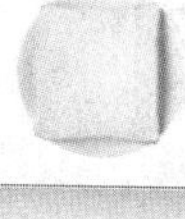	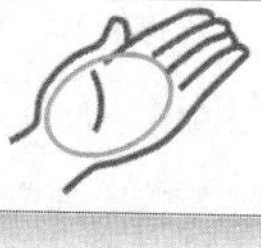	1/2 片 1 手掌	吐司

六大类食物	每一份热量（千卡）	图示分量		相等量	食物名称或种类
		杯、碗、汤匙	手掌、拳头		
蛋、豆、鱼、肉类	75 千卡	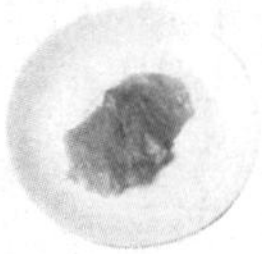		3 根手指头	所有的肉类，如鸡胸肉、鱼肉、猪肉、羊肉、牛肉、虾、墨鱼、牡蛎、蛤蛎 虽然肉有分高低脂，但可用中脂肉去概算，不过原则上应避免选用高脂肉类
	75 千卡		–	1/2 盒	盒装豆腐
	75 千卡			4 根手指头	豆干、豆干丝、素鸡
	75 千卡			1 颗	鸡蛋
	55 千卡		–	240 毫升	无糖豆浆
蔬菜类	25 千卡			1 碗 1 女生拳头	所有的生菜
	25 千卡			1/2 碗 1 手掌	所有的煮熟蔬菜、香菇、海带类。
水果类	60 千卡			3/4 碗 1 女生拳头	大部分的水果如苹果、芭乐、柳橙、香蕉、猕猴桃、火龙果。
	60 千卡			1 碗 1 女生拳头	水分较多的瓜类水果，如西瓜、哈密瓜、香瓜。
	60 千卡	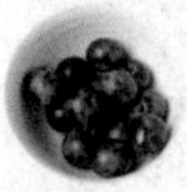	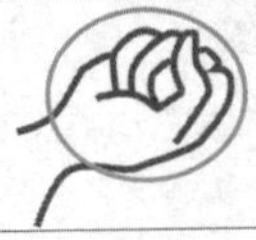	3/4 碗 约 10～13 颗 1 女生拳头	小颗的水果，例如圣女果、葡萄、龙眼、草莓。
油脂类坚果类	45 千卡			1 茶匙 大拇指上方	烹调用油，如大豆油、沙拉油、猪油、橄榄油。
	45 千卡	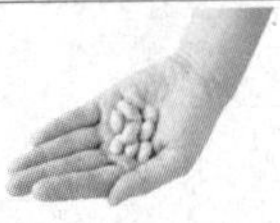		1 个手掌心	坚果类，如杏仁果、腰果、核桃、花生、开心果、瓜子、南瓜子、葵瓜子。

简易六大类食物
代换表的实例应用

当我们已经规划好自己一天要吃多少热量，就可以利用食物代换表来计划每天各类食物应该吃的份数，如此一来就不会吃过量。

例如：你预计一天要吃 1200 千卡，可以分为：

主食 6 份 × 70 千卡 = 420 千卡

肉类 4 份 × 75 千卡 = 300 千卡

蔬菜 5 份 × 25 千卡 = 125 千卡

水果 2 份 × 60 千卡 = 120 千卡

奶类 1 份 × 120 千卡 = 120 千卡

油脂类 3 份 × 45 千卡 = 135 千卡

六项加起来

等于 1220 千卡

● 设计的原则就是六大类食物都要摄取到，份数则可依照你的饮食习惯去分配。以下份数表已分配 1000 千卡、1200 千卡、1400 千卡、1600 千卡与 1800 千卡的各类食物份数，供大家参考：

总卡路里	主食份数	肉食份数	蔬菜份数	水果份数	奶类份数	油脂份数	热量计算过程
1000 千卡	5	3	4	2	1	3	主食 = 5 × 70 = 350 千卡 肉类 = 3 × 75 = 225 千卡 蔬菜 = 4 × 25 = 100 千卡 水果 = 2 × 60 = 120 千卡 奶类 = 1 × 120 = 120 千卡 油脂 = 3 × 45 = 135 千卡 **全加起来，1050 千卡**
1200 千卡	6	4	5	2	1	3	主食 = 6 × 70 = 420 千卡 肉类 = 4 × 75 = 300 千卡 蔬菜 = 5 × 25 = 125 千卡 水果 = 2 × 60 = 120 千卡 奶类 = 1 × 120 = 120 千卡 油脂 = 3 × 45 = 135 千卡 **全加起来，1220 千卡**
1400 千卡	7	5	6	2	1	4	主食 = 7 × 70 = 490 千卡 肉类 = 5 × 75 = 375 千卡 蔬菜 = 6 × 25 = 150 千卡 水果 = 2 × 60 = 120 千卡 奶类 = 1 × 120 = 120 千卡 油脂 = 4 × 45 = 180 千卡 **全加起来，1435 千卡**

1600 千卡	8	6	6	3	1	4	主食 = 8 × 70 = 560 千卡 肉类 = 6 × 75 = 450 千卡 蔬菜 = 6 × 25 = 150 千卡 水果 = 3 × 60 = 180 千卡 奶类 = 1 × 120 = 120 千卡 油脂 = 4 × 45 = 180 千卡 **全加起来，1640 千卡**
1800 千卡	9	7	6	3	1	5	主食 = 9 × 70 = 630 千卡 肉类 = 7 × 75 = 525 千卡 蔬菜 = 6 × 25 = 150 千卡 水果 = 3 × 60 = 180 千卡 奶类 = 1 × 120 = 120 千卡 油脂 = 5 × 45 = 225 千卡 **全加起来，1830 千卡**

● 假设你已决定一天吃 1200 千卡的话，对照上表就是：

主食 6 份、肉类 4 份、蔬菜 5 份、水果 2 份、奶类 1 份、油脂类 3 份，可平均规划到三餐之中，例如

	主食 分量	肉类 分量	蔬菜 分量	水果 分量	奶类 分量	油脂 分量
早餐	2	1	1	-	1	1
午餐	2	1.5	2	1	-	1
晚餐	2	1.5	2	1	-	1
加总	**6**	**4**	**5**	**2**	**1**	**3**

● 接着，我们再按照分量去选择食物。例如，早餐主食类是分配到 2 份，所以我们早餐主食类可以选择稀饭 1 碗或吐司 1 片或馒头 2/3 颗，这样都是主食 2 份的选择。以下是三餐范例：

三餐	举例	份数对照
早餐	1.吐司 1 片 2.煎荷包蛋 1 颗 3.生菜 1 碗 4.低脂奶 240 毫升	主食类 2 份 肉类 1 份 + 油脂类 1 份 蔬菜 1 份 奶类 1 份
午餐	1.什锦汤面 ·面 1 碗 ·蛋 1 个 ·肉丝 1/2 两 ·小白菜（熟）1/2 碗 2.炒青菜 1/2 碗 3.柳橙 1 颗	主食类 2 份 肉类 1 份 肉类 0.5 份 蔬菜 1 份 蔬菜类 1 份 + 油脂类 1 份 水果 1 份
晚餐	1.干饭 1/2 碗 2.竹笋炒肉丝 ·竹笋 1/4 碗 ·肉丝 1 两 3.烫青菜 3/4 碗 4.葡萄 13 颗	主食类 2 份 蔬菜 0.5 份 肉类 1 份 蔬菜类 1 份 + 油脂类 1 份 水果 1 份

水果可以放在饭后两个小时再吃，不一定要随餐吃；一般我们习惯饭后马上吃水果，其实如果把水果当成一个小点心，放在饭后两个小时再吃，这样可以避免餐与餐中间嘴馋乱吃点心，也可以适当地补充一点糖分，不让血糖过低而造成太强烈的饥饿感。

Ch 4

吃出低卡健康
美食的秘诀

许多人觉得要做出低卡美食是一件麻烦事，其实只要用对方法，就可以节省许多时间，甚至让烹饪过程超快速。本章介绍低卡美食的烹调妙招和外食诀窍，并教你灵活运用本书食谱，菜色多变，一点都不无聊！

食材前处理可降低脂肪摄取，也可控制分量

买回来的食材经前处理后，分装成小包装再冷藏或冷冻，依照食用人数调整每次烹煮的分量，这样就不会煮过量，没有剩菜，你就不会变成厨余垃圾桶。但切记冷冻后的食材不要反覆退冰再冷冻，避免细菌孳生。

1. 肉类

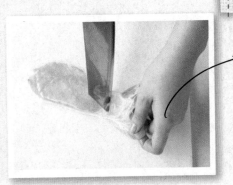

Step1. 去掉肉类的外皮、肥肉，以降低动物油脂的摄取。

Step2. 切成细条、丁状或片状。

Step3. 如果需要腌渍，可先腌渍后再分装成 1 ~ 2 人份。

Step4. 放到夹链袋中后压平存放。

（海鲜类如鱼、墨鱼、蚵仔可直接分装冷冻）

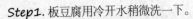

2. 板豆腐

Step1. 板豆腐用冷开水稍微洗一下。

Step2. 放入保鲜盒中，加入冷开水盖过豆腐，盖上盒盖密封，放入冰箱冷藏。

如果隔天没煮，就把水换掉，倒入新的水继续浸泡，只要一天没煮就换一次水，大约可以放 3 ~ 4 天不坏。

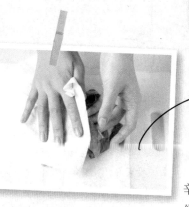

3. 蔬菜类

Step1. 蔬菜洗净、沥干，切成适当大小。

Step2. 并以厨房纸巾吸收多余水分，按 1～2 人份分成小包装。

Step3. 放入夹链袋中冷藏保存。

辛香料如葱、姜、蒜与蔬菜类的保存方法类似。葱要洗净切成段或葱花，分装冷冻保存；蒜头和姜可先切片再装袋冷藏。此外，部分蔬菜可先用盐水氽烫杀菁，冷冻保存可存放 2 个礼拜不会坏，如西兰花、玉米笋、敏豆等。

4. 主食类

米饭类也可分装后密封冷冻，一样可以卫生保存。建议大家以全谷类做主食，例如杂粮饭、紫米饭等。如果是不习惯吃全谷饭的人，可以先少量添加全谷类于白米之中，慢慢习惯口感后再增加全谷的量。以下举例本书常用到的主食类供大家做参考：

紫米饭	白米 90 克 + 紫米 30 克（浸泡 6 小时以上）+ 水 140 毫升
糙米饭	白米 90 克 + 糙米 30 克（浸泡 6 小时以上）+ 水 140 毫升
薏仁饭	白米 90 克 + 薏仁 30 克（浸泡 6 小时以上）+ 水 140 毫升
五谷饭	五谷杂粮米 120 克（浸泡 6 小时以上）+ 水 140 毫升

以上的分量可煮成 300 克的饭量，煮好的饭可先用袋子分装后再冷冻保存，一袋分装成 100 克的饭，每 100 克热量约 140 千卡，要食用前拿出微波即可。

少油烹调好健康

"少油烹调"是利用少量的油，或是直接利用动物本身的脂肪来烹调。它的特色在于：烹调时有效运用食物本身的油脂在导热均匀的恒温下加热，并逼出食物里过多的脂肪 。不过，少油烹调法忌讳用大火干热，否则很容易烧焦。一般来说，平底锅的加热效果较理想。以下介绍 6 种相当简单的少油烹调法：

（1）汆烫：将食材放入滚水中汆烫，起锅后再拌入无油或低油的酱汁，以减少油脂摄取，菜肴口感也很清爽。例如蒜泥白肉、烫青菜。

（2）烤：利用烤箱加热，不需要再加油，能烤出食物中多余的油脂。除了常见的烤鸡腿、烤鱼，蔬菜类也可以用烤的，而且烤的时间不必太长，十分节省能源。

（3）干煎：先用小火热锅后，再把肉类食材放到锅中，只加 1/4 茶匙油，或是不加油直接利用肉类本身的油脂来烹调。记得不可开大火，只能用小火慢煎，使肉类本身的油脂慢慢释出。像是干煎鲑鱼则可完全不用到油，直接小火逼出鲑鱼的油脂；同样道理，牛排也会释放出油脂，如果再加油去煎，就会太过油腻。

（4）干炒：与干煎的原理相同，利用肉类遇热时释放的油脂取代烹调用油，再加入适量的蔬菜拌炒，蔬菜也会获得肉类的香气，一样美味可口又健康。

（5）水炒：用少许的水或高汤取代油来爆香，例如蒜片、辣椒、姜丝等皆可利用水爆香，虽然不如油的爆香口感酥脆，但是却能吃到食材清爽的原味。

（6）水焖：如果烹调时遇到较难熟成的食材，可以利用多一点的水或高汤进行焖煮，将食物焖熟。

自制无油高汤，
减少过多盐分与油脂摄取

利用自制无油高汤块取代味素、鲜鸡粉等加工品，不仅可以增添食物风味，也可以避免吃下过多的盐份或人工添加物，远离高血压或肾脏病的侵袭。简单自制无油高汤的方法如下：

鸡骨高汤

材料：鸡骨一副（超市或市场鸡肉摊贩都有贩售）

作法：1. 洗净鸡骨。煮一锅滚水，放入鸡骨，烫出血水后取出，再用清水洗净。

2. 鸡骨放入锅中，加水盖过鸡骨，大火煮沸后再用小火熬煮1个半小时。

3. 取出鸡骨，保留鸡汤，沥除上层油脂后放凉。

4. 分装到袋中或是做成冰砖，收入冷冻库内保存。

排骨高汤

材料：猪骨1500克（超市或市场猪摊贩都有贩售）

作法：1. 洗净猪骨，煮一锅滚水，放入猪骨，烫出血水后取出，再用清水洗净。

2. 猪骨放入锅中，加水盖过猪骨，大火煮沸后再以小火熬煮1小时半。

3. 取出猪骨，保留大骨高汤，沥除上层油脂后放凉。

4. 分装到袋中或是做成冰砖，收入冷冻库内保存。

昆布高汤

材料：昆布1片10 × 20厘米，水2升

作法：1. 用干净的布擦拭昆布表面的脏污，放入水中浸泡20分钟。

2. 用中火熬煮5 ~ 8分钟即可。（煮过的昆布可再次利用，例如煮成昆布佃煮）

3. 取出昆布，高汤放凉后分装到袋中或是做成冰砖，收入冷冻库内保存。

外食族更适合用本书的方式轻松瘦身

在现代都市，每天约有八成的人口外食，而且根据统计，四成以上热量过高，七成太油，九成青菜摄取量不足，这些都是造成慢性病盛行的原因。因此，一定要学好食物代换，出门在外，仔细挑剔吃下肚的食物，瘦身一定会有成效的!

外食小诀窍 1

了解自己可以吃的量和种类

自己每餐可以吃的分量要牢记在心。当我们已规划一餐吃主食2份＋肉类2份＋蔬菜类1份，选择自助餐时，按照这标准选菜即可。如果自己不能选菜色时（如开会时，大家一起订便当），你也不一定要全部吃完，可以把便当的饭、肉减半吃，蔬菜吃完即可，多出来的饭还可以用来吸收一下菜的汤汁，去除过多的油脂与调味品。

外食小诀窍 2

活用食物代换表

学会看食物代换表（p.35 ~ p.36）后，你很容易就可以算出食物的热量。例如你去面店点了一碗牛肉面，你挑出牛肉面里的牛肉块，用手比一下便可估出大约是3份肉类；面拿出来放到碗里，便可估出来约是4份主食类；这一碗牛肉面的肉类共75×3＝225千卡，主食类共70×4＝280千卡，因此肉加上面等于225＋280＝505千卡。

另外还要加上油脂的热量。我们可以概算加上1茶匙油45千卡，所以这碗牛肉面的总热量约为505＋45＝550千卡；如果你还点了小菜如烫青菜，大约可以算成一份青菜25千卡，加上一茶匙油45千卡，这样共70千卡，所以你这一餐就是550＋70＝620千卡。如果你一餐限制在500千卡内，可能就要选择不喝汤，并且面不要全部吃完，只吃3份主食，肉要去除肥肉不要吃，这样也可以减少一点热量摄取。

外食小诀窍 3

避免选择勾芡的食物，或是汤汁拌饭

勾芡的食物油脂会包覆在菜上，不容易沥掉，所以炒菜的油脂都会全吃下肚。尤其是烩饭类，菜肴中的油脂会被饭吸收，外食的油脂不一定是好的植物油，可能是猪油、回锅油等不好的油脂，所以外食时尽量避免选择勾芡的菜肴。

外食小诀窍 4

选用清汤代替浓汤，并沥去上层浮油

浓汤通常是用奶油、面粉煮出来的，所以又香又浓，清汤类则不会添加太多油脂，所以外食应选择清汤，并且若清汤上有浮油都应捞掉。

学会看食品的"身份证"：营养标示

1. 找出主要原料：

以天然的原料为佳，尽量不要选择有色素、人工添加物或过多精制糖的食品。原料的排列顺序是按照多寡来排列，例如一包巧克力饼干的原料标示为面粉、砂糖、奶油、可可粉、高果糖、鸡蛋、香料、色素，这表示含量最多的是面粉，再来是砂糖与奶油，所以是又甜又油的淀粉类，热量应该是不低的喔！

2. 注意制造日期及保存期限：

小心不要买到过期品。

3. 计算热量：

当我们在选购食品，我们可以从包装上的"食品标示"来知道它的热量，就不会吃过量造成身体的负担啰！以下是用饮品做例子，教大家怎么看营养标示：

看产品基准值

市售产品基准值通常是以每 100 克或是 100 毫升为单位，也有的是以每小包为一个单位。

确认产品为基准值的几倍

整瓶饮料共 600 毫升，故为 100 毫升的 6 倍，因此整瓶饮料的总热量 = 30 x 6 = 180 千卡
蛋白质 = 0.3 x 6 = 1.7 克
脂肪 = 0 x 6 = 0 克
碳水化合物 = 7.3 x 6 = 43.8 克
以此类推。

品名：鲜美味番茄汁

营养标示	
每一份量	每 100 毫升
本包装含	600 毫升
热量	30 千卡
蛋白质	0.3 克
脂肪	0 克
碳水化合物	7.3 克
纳	38 毫克
维生素 B$_1$	0.02 毫克
维生素 B$_2$	0.02 毫克
维生素 U$_6$	0.06 毫克
维生素 C	39 毫克
番茄红素	3.05 毫克

小心这里！

要看清楚整个食品的重量（毫升）是多少。不要以为一瓶只有 100 毫升！

名词解释：

1. 低热量（low cal）：

每 100 克固体或半固体之产品不得超过 40 千卡，若为液态产品每 100 毫升不得超过 20 千卡，才能称为"低卡"或"低热量"之食品。

2. 低钠（low sodium）：

表示食品每一份的含钠量少于 100 毫克。

外食餐馆容易有以下的烹调弊病：

 主食类

1. 煮饭时会添加油，让米粒吃起来较香，表面看起来油亮，但是会让我们摄取到不必要的油脂。

2. 煮饭时会添加盐，让米粒吃起来较甜，但是却让我们摄取到过多的钠盐。

3. 炒饭或炒面时会加入过量的油，避免饭粒或面团沾粘，或保持口感。

 肉、鱼类

1. 在腌肉的时候，除了过多酱料外，还可能会加入油一起腌，以保持肉质滑嫩，口感较佳，但是无形中却增加了许多热量和调味品。

2. 烹调前经常会先沾过粉类（如太白粉、番薯粉等）再去油煎或油炸。因为有裹粉，所以吸油率非常高，造成过多的热量摄取，且可能是使用回锅油去煎、炸，更会让我们吃进更多"过氧化的油脂"，而增加罹癌的机会。

3. 肉品裹粉愈厚，看起来肉（鱼）排会更大，虽然裹粉油炸（或油煎）后肉质会较软嫩，但实则让我们吃进过多不需要的油脂与淀粉类。

蔬菜类

1. 炒蔬菜时会添加许多油脂来保持蔬菜油亮不变色，甚至添加小苏打粉让蔬菜颜色鲜绿，但是这些都是多余且过度的添加。

2. 蔬菜的味道较为清淡，因此通常会使用很多调味品增加风味，如味素、鸡粉等，让我们吃进过多的钠盐。

跨越障碍后，
一定可以成功的低卡饮食法

我们应该有心理准备：即使你按照营养师的方法进行饮食控制，且每件事按部就班，但是仍然可能会出现某些问题，例如体重偶尔仍会增加，或遇到瓶颈，体重迟迟无法继续下降等等。遇到问题时千万别气馁，找到方法即可度过难关。

问题	可能原因	改善办法
排便习惯改变或便秘	水分不足，纤维吃得多，造成粪便干硬。	增加水分摄取即可改善，成人每日每公斤体重至少摄取 30 ~ 35 毫升的水。视情况可以再增加 10% 的摄取，例如运动流汗者及有发烧、腹泻、呕吐等状况。 注：例如 60 公斤的人一天水分至少要 30×60 = 1800 毫升；如果运动量大，可以是 35×60 = 2100 毫升；如果有发烧症状水分容易流失，则再加上 2100×10% = 210 毫升，所以等于 2100 + 210 = 2310 毫升。
	原本每天排便者，变成两天排一次或是三天排一次，但是粪便状态是正常不是干硬的，这是因为进食量降低、粪渣变少所造成。	可以多摄取"高渣"食物以增加粪便体积，如鲜奶、蔬菜、水果等，再加上喝足够的水即可改善。
	运动量不足，肠胃蠕动变慢造成便秘。	增加有氧运动量，如快走、游泳、慢跑等运动。
情绪不稳定	摄取食物过少可能会造成情绪不稳，尤其如果是平时嗜吃高热量食物者，一下子改变成低卡饮食，可能会使得情绪不稳定，易产生疲倦、暴躁、不开心等负面情绪。	选择低卡的点心当成零嘴以解口腹之欲，不要过量，但也不要过度苛待自己，按照饮食计划放松心情慢慢进行。
体脂降低、体重增加	因为运动与饮食的配合，让脂肪量减少，肌肉量增加，肌肉的重量比脂肪重，因此造成体重增加但是体脂肪下降的状况。	这会让体态看起来比较紧实，没有多余的赘肉，是很好的现象。
体重停滞甚至回升	因为减少热量摄取，身体启动自然的保护机制，降低代谢以保持热量消耗，这时体重下降的幅度会比刚开始瘦身的时候小，甚至不再下降，有的人恢复以往的饮食形态的话，体重还会直线上升。	持续低油低热量的健康饮食，并且增加有氧运动的时间，增加体肌肉量，就可以让代谢率增加，体重自然会持续下降。

照着吃，降低体脂肪、
找回健康的 60 道低卡套餐

● 本书食谱使用方式：

1. 均衡食谱的基本搭配原则

本食谱的料理以自然、少油、无过度调味为主，所以口味大多属于清淡型，
且符合以下烹调原则：

主食类

1. 米饭烹煮不加油、不加盐。

2. 尽量添加全谷类于白米之中，增加膳食纤维及营养素。

肉类、鱼类

1. 选择低脂鱼（肉），如瘦肉、低脂鱼类、去皮鸡肉等都是本食谱常用的肉品。

2. 烹调过程里不添加任何不必要的粉类、油脂或是人工添加物（如味素、鸡粉）。

3. 低油烹调：利用烤、蒸、煮、少油炒等低油烹调法降低油脂摄取。

4. 不裹粉：虽然无裹粉可能会造成肉（鱼）水分易散失，肉质较干涩，但是实为最正确、健
   康的烹调法。

蔬菜类

1. 选择蔬菜以当季蔬菜为佳，清洗过程需仔细，避免农药残留，也可选择有机蔬菜。

2. 低油烹调：不需要过多的油脂，以低油炒、汆烫、烤等方法烹调，虽然少了油脂保护，蔬菜
   放久了会颜色暗沉不鲜绿，但是这却是最好的健康饮食，否则就算你选了昂贵的有机蔬菜，
   高油或过度添加的烹调法也会让你吃进许多负担，反而浪费了健康的食材。

2. 本书食谱的配餐方式

本书食谱已经计算好每道菜的营养分析，早餐为主餐搭配饮品，午晚餐区分成主食、主菜、副
菜、小菜、汤品等五项。你可以照着食谱中安排好的分量来烹调，就可省去计算卡路里的麻烦。
（本食谱热量皆根据中国疾病预防控制中心营养与食品安全所发布的食品营养成分资料库进
行的营养成分分析）

早餐

1. **主餐：** 主食类以全谷为主，搭配适量的蛋白质与纤维质，热量控制在 190 ~ 250 千卡。

2. **饮品：** 热量控制在 0 ~ 50 千卡内，作为早餐的水分来源。如果没有多余的时间准备饮品，
   你可直接用开水或无糖茶类取代，记得早餐也要多喝水就对啰！

午、晚餐

1. **主食**：以饭或是面食类为主，热量控制在 130 ~ 140 千卡，主要提供碳水化合物，如果为全谷类（如杂粮饭），则可增加纤维质、矿物质与维生素。

2. **主菜**：以肉类为主，热量控制在 130 ~ 190 千卡，主要提供优质蛋白质。

3. **副菜**：为肉类搭配蔬菜的半荤素菜，热量控制在 60 ~ 110 千卡，主要提供蛋白质、矿物质、维生素。

4. **小菜**：蔬菜类为主，热量控制在 30 ~ 60 千卡，主要提供纤维质、矿物质、维生素。

5. **汤品**：蔬菜类为主，热量控制在 20 ~ 30 千卡左右，如果没时间准备汤或是带便当不方便，则不一定要准备汤品。（有使用到昆布高汤、鸡骨高汤或是排骨高汤等的料理，请按照低油低盐高汤做法，不要购买市售的高汤块。）

3. 如果需要稍微调整热量，可以从饭量调整

1 份主食类如：

饭 50 克（1/4 碗）为 70 千卡，食谱中设计的饭量都为 100 克，约为 140 千卡（2 份主食），大概是 1/2 碗的饭量，因此想降低热量可以减少饭量为 1/4 碗，或是改成稀饭 1/2 碗或面 1/2 碗，这样可以少 70 千卡。

同样的原理，需要增加热量时增加 1 份主食则可增加 70 千卡，例如原本 100 克的饭可以增加为 150 克（约 3/4 碗饭），这样就有 210 千卡，男生吃刚刚好！

不建议一餐吃少于 1 份主食，因为身体仍需要糖类才可以代谢正常。我们可以减少主食类的份量，或是选择高纤的主食，而不是完全不吃淀粉类，这样才是均衡饮食，要牢记喔！

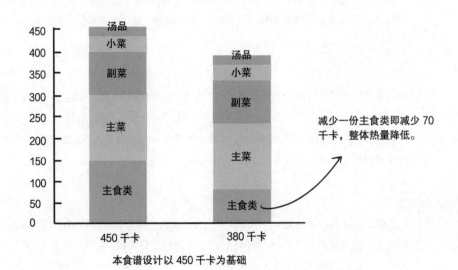

减少一份主食类即减少 70 千卡，整体热量降低。

本食谱设计以 450 千卡为基础

由于本书每份套餐的每道菜色都经过热量计算和对症设计，因此你可以灵活地交换使用，只要热量有达到你自己所定的范围即可。或是当你觉得最近身体水肿状况较严重，你就可以挑选具"消除水肿"功能的菜色来搭配食用。所以不必担心这 60 份套餐会吃腻，通过交互搭配，即使每天有两餐都照着本书食谱吃，也可以有无穷的变化。

沙沙酱墨鱼
103 千卡

可换成

什锦豆包
98 千卡

可换成

三杯海茸
49 千卡

例如你选择猪肉苹果卷套餐（P.60）作为今天的套餐，但是你发现冰箱中缺少了墨鱼这个食材，而冰箱中刚好有白豆包，因此可将沙沙酱墨鱼与高纤柠香串鸡套餐（P.62）中的什锦豆包交换，这样热量也是差不多的；或是今天早餐你吃下较多的热量，午餐不想要吃太多肉类，也可以把半荤素的副菜换成全是蔬菜类的小菜，例如把沙沙酱墨鱼换成高纤柠香串鸡套餐（P.62）中的三杯海茸，这样一来，热量就降低了 54 卡。

● 蔬菜可选择比较不会黄掉的蔬菜类，例如西兰花　、包菜　、香菇类　等，不易因为再加热而黄掉，容易黄掉的蔬菜例如空心菜　、苋菜　等，且再加热时清脆的口感会不见。

● 如果选择凉拌菜，绝不可以跟热的食材包装在一起，一定要分开盛装，否则再加热时风味会跑掉，例如沙拉类　、冷盘类　、凉拌菜　等。

● 口感酸酸的菜肴不适合当便当菜，例如糖醋、橙香、醋渍、果香等。有酸醋口感的菜包在便当中容易让其他的菜都染上酸酸的味道，除非是分开包装就可以免除这个问题。但是如果有再加热的话，醋会因为热而挥发，造成酸的口感不见，只剩下醋的味道，会让人有整个便当好像酸臭的错觉。

● 如果带便当不方便带汤，不一定要准备，可在公司准备热茶代替汤，只要不加糖的茶皆是零热量，例如红茶、绿茶，或是玄米茶、乌龙茶等，都是不错的选择。

● 如果需要冷冻起来保存，要注意魔芋制品不能冷冻，魔芋冷冻后会变硬，如果有魔芋制品的菜肴，只能放在冷藏室。

Ch 5

一天的开始！
活力早餐

250 千卡
限定

一日之计在于晨，早餐可以说是一天中最重要的一餐。
不过，早餐吃得太好反而会造成身体负担！好的早餐要符合以下原则：

1. 均衡摄取各类食物。
2. 五谷类可选择纤维素高的全谷类食物，如全麦吐司、糙米、五谷等。
3. 低油的烹煮方式，才不会对刚苏醒的肠胃造成负担。
4. 可搭配蔬菜、水果及适量的肉类。
5. 避免高脂肪食物（如炸鸡块、小笼包、炸鸡排三明治、烧饼油条等），早餐若吃得太油腻，易造成副交感神经亢奋，容易疲倦、打哈欠。

高纤地瓜三明治套餐

地瓜的纤维质高，可促进肠胃代谢，利用地瓜取代吐司增加特殊口感，既健康又美味。记得不要刨掉地瓜的皮喔！地瓜皮富含黏液蛋白与多糖类物质，能提高免疫力、降低血液中胆固醇，很适合高脂血症或心血管疾病患者食用。

	249 千卡	
蛋白质（克）		脂肪（克）
11.6		6.6
糖类（克）		纤维（克）
36.0		5.3

金橘热茶 18 千卡

蛋白质（克）	脂肪（克）	糖类（克）	纤维（克）
18.7	10.0	3.0	0.7

材料：
绿茶包…1 包
金橘酱…适量

做法：
1. 绿茶包放入热开水中泡开。
2. 加入金橘酱搅拌均匀即可。

Point

家中若有柚子酱、橘子酱之类的果酱也可取代金橘酱，茶香风味各有不同。记得不要加太多，甜度过高就不好啰！

高纤紫薯三明治 239 千卡

蛋白质（克）	脂肪（克）	糖类（克）	纤维（克）
11.6	6.6	33.5	5.3

材料：
熟紫薯块…235 克　　小黄瓜…120 克　　火腿片…60 克
生菜…95 克　　西红柿…85 克　　芝士片…55 克

做法：
1. 洗净的小黄瓜、西红柿切片；将紫薯头尾修平整齐。
2. 取一半紫薯，依次放上黄瓜片、生菜段、芝士片、西红柿片和火腿片。
3. 最后放上另一半紫薯，装盘即可食用。

蔬果蛋饼套餐

蛋饼如果加培根或火腿，热量会较高，且没有补充蔬菜或是水果，容易缺乏纤维质，因此我们可于蛋饼中加生菜与苹果，增加纤维质且口感清爽不油腻。

247 千卡

蛋白质（克）	脂肪（克）
10.8	**9.3**
糖类（克）	纤维（克）
30.0	**3.3**

拿铁咖啡 53 千卡

蛋白质（克）	脂肪（克）	糖类（克）	纤维（克）
3.7	1.8	5.5	0.0

材料：
黑咖啡…110 毫升
低脂鲜奶…110 毫升

做法：
黑咖啡加入低脂鲜奶，搅拌均匀即可。

蔬果蛋饼 194 千卡

蛋白质（克）	脂肪（克）	糖类（克）	纤维（克）
7.1	7.5	24.5	3.3

材料：
苹果…110 克	鸡蛋…2 个	紫包菜…95 克
葡萄干…35 克	胡萝卜…75 克	生菜…70 克
面粉…60 克	盐…2 克	食用油…适量

做法：

1. 苹果、生菜、胡萝卜、紫包菜切丝备用。
2. 把蛋打散，倒入锅中再盖上蛋饼皮，煎熟后盛出备用。
3. 将所有食材包入蛋饼中卷起来，切成小段即可食用。

Point

煎蛋饼皮时不要加太多油！最多用1/2茶匙的油就足够，甚至不加油用小火慢煎，蛋饼皮就不会太硬或烧焦。

鲜菇肉片汉堡套餐

将肉片和蔬菜用烤箱烤熟后，不必油炒就可降低热量；也可在前一晚将肉片腌好冷藏，早上取出肉片放上香菇与洋葱即可入烤箱（面包也可以一起烤），省时又方便。

无糖红茶　0 千卡

蛋白质（克）	脂肪（克）	糖类（克）	纤维（克）
0.0	0.0	0.0	0.0

材料：
红茶包…1个

做法：
将红茶包放入热开水200毫升中，约2分钟后取出茶包即可。

943 千卡

蛋白质（克）	脂肪（克）
9.0	3.0
糖类（克）	纤维（克）
45.0	3.1

鲜菇肉片汉堡　243 千卡

蛋白质（克）	脂肪（克）	糖类（克）	纤维（克）
9.0	3.0	45.0	3.1

材料：
长条餐包…1个（约75克）
猪肉片…35克　　鲜香菇…60克
洋葱…30克　　美生菜…50克
胡萝卜…10克

做法：

1. 烤热长条餐包，斜切开备用。
2. 猪肉片可用少许酱油、黑胡椒腌15分钟。
3. 鲜香菇切片，洋葱、胡萝卜切丝与猪肉片用锡箔纸一起包起来，放入烤箱中烤10分钟烤熟备用。
4. 美生菜洗净切丝，放入长条面包中，再夹入香菇、肉片即可。

Point

面包也可选法国长条面包，或用长形的杂粮面包，切出约75克大小即可。

51

韩式泡菜手卷套餐

利用海苔片将饭、烤牛肉片、蔬菜和泡菜卷起，吃起来咸香够味，且各类食物都有摄取到！

	247 千卡	
蛋白质（克）		脂肪（克）
13.0		4.5
糖类（克）		纤维（克）
38.5		5.2

红茶拿铁　44 千卡

蛋白质（克）	脂肪（克）	糖类（克）	纤维（克）
3.0	1.5	4.5	0.0

材料：

红茶包…1 个　　低脂鲜奶…90 毫升

做法：

1. 将红茶包放入热开水 180 毫升中，约2分钟后取出茶包。
2. 加入低脂鲜奶搅拌均匀即可。

韩式泡菜手卷　203 千卡

蛋白质（克）	脂肪（克）	糖类（克）	纤维（克）
10.0	3.0	34.0	5.2

材料：

五谷饭…100 克　　牛肉片…35 克
韩式泡菜…50 克　　菠菜…100 克　　海苔片…1 片

做法：

1. 菠菜洗净切段，烫熟后拧干水分备用。
2. 牛肉片用少量盐、酱油和米酒腌 10 分钟，放入烤箱以 180 度烤 10 分钟。
3. 取寿司竹帘铺上海苔片，再铺上五谷饭，依序摆上肉片、菠菜、韩式泡菜，卷起呈圆柱状，食用时对切即可。

Point

不敢吃辣的人可以把泡菜换成烫芦笋，口味较清淡，热量也很低。

黑糖黑木耳燕麦粥套餐

黑木耳的水溶性纤维很高，可帮助肠胃蠕动，且和黑糖一样铁质都很高，再搭配燕麦这个高纤维食材，变成高铁高纤的"清肠大队"。

无糖豆浆 240 毫升　55 千卡

蛋白质（克）	脂肪（克）	糖类（克）	纤维（克）
7.0	3.0	0.0	0.0

○ 248 千卡

蛋白质（克）	脂肪（克）
11.9	3.3
糖类（克）	纤维（克）
42.7	10.2

黑糖黑木耳燕麦粥　193 千卡

蛋白质（克）	脂肪（克）	糖类（克）	纤维（克）
4.9	0.3	42.7	10.2

材料：
新鲜黑木耳…100 克
燕麦片…60 克　　黑糖…5 克

做法：

1. 将黑木耳清洗以后，放入果汁机加水盖过黑木耳打碎备用。
2. 黑木耳汁、燕麦片倒入锅中，加入黑糖后用中火煮滚，再用小火熬煮 3 分钟，期间要一直搅拌避免烧焦。

Point

黑糖含有丰富的矿物质如铁、钙等，B族维生素也很丰富，对于特殊日子、需要补充气色的女孩子是很好的食物。

柠檬鸡柳吐司卷套餐

无油烹调的柠檬鸡柳吐司卷，柠檬香加上新鲜生菜，吃完它，一整天都很有精神！

251 千卡

蛋白质（克）	脂肪（克）
11.0	2.6
糖类（克）	纤维（克）
45.9	6.1

蜂蜜水晶冰茶　26 千卡

蛋白质（克）	脂肪（克）	糖类（克）	纤维（克）
0.0	0.0	6.4	3.7

材料：

绿茶包…1 个　　洋菜粉…5 克　　蜂蜜…5 克

做法：

1. 将绿茶包放入热开水 300 毫升中，约 2 分钟后取出茶包放凉备用。
2. 取绿茶 100 毫升用小火加热，加入洋菜粉煮滚后倒入浅盘中放凉，茶冻凝结后切成 1 立方厘米的小丁备用。
3. 茶冻与蜂蜜加入放凉的 200 毫升绿茶中，可加入少许冰块。

柠檬鸡柳吐司卷　225 千卡

蛋白质（克）	脂肪（克）	糖类（克）	纤维（克）
11.0	12.6	39.5	2.4

材料：

去边的全麦吐司…2 片　　鸡柳条…30 克
美生菜…20 克　　小黄瓜…50 克
胡萝卜…30 克　　海苔…1/2 片　　柠檬汁…1 茶匙

Point

若怕吐司包不起来，卷好后可以用保鲜膜固定吐司卷。

做法：

1. 鸡柳用少许白胡椒、盐、柠檬皮（用削皮刀稍微刮一下绿色表皮腌渍 15 分钟，再放入滚水中烫熟备用。
2. 美生菜洗净切丝，小黄瓜、胡萝卜洗净切成长条状。
3. 海苔剪成 3 × 10 厘米长条，竹帘上先放上海苔，摆上吐司，在吐司中间偏下位置，依序放上鸡柳、美生菜、小黄瓜与胡萝卜，淋上少许柠檬汁，用竹帘辅助卷起。

香蕉松饼套餐

此香蕉松饼不用加糖就有香甜的口感，利用香蕉的果糖取代砂糖，健康又美味。水果还可随着季节变换，换成菠萝、柳橙。

黑咖啡 300 毫升 o 千卡

蛋白质（克）	脂肪（克）	糖类（克）	纤维（克）
0.0	0.0	0.0	0.0

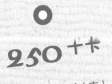

250 千卡

蛋白质（克）	脂肪（克）
8.1	2.8
糖类（克）	纤维（克）
48.0	3.3

Point

市售松饼粉因含有砂糖，做出的松饼会比较甜，此时我们可以把松饼粉用筛子过筛，有些松饼粉的砂糖可以被筛出来，就可减少砂糖的量啰！

香蕉松饼 250 千卡

蛋白质（克）	脂肪（克）	糖类（克）	纤维（克）
8.1	2.8	48.0	3.3

材料：
低筋面粉…50克　　泡打粉…1/4 茶匙
鸡蛋…1/2 颗　　香蕉…1/2 根（去皮后55克）
低脂鲜奶…20 毫升　草莓…2 颗（约 40 克）

做法：

1. 香蕉剁碎，与低脂鲜奶拌匀。
2. 将蛋打散，加入过筛的低筋面粉与泡打粉，再加入做法1搅拌均匀。
3. 煎松饼时可在平底锅涂上薄薄一层油，或是不放油直接将面糊倒在锅上呈一圆形，用小火慢煎，表面有泡泡时就可以翻面，煎到两面变成金黄色即可。

鲔鱼烤饭团套餐

鲔鱼属于深海鱼的鱼油，富含EPA与DHA；EPA可以促进血液循环，预防动脉硬化的机会；而DHA有活化脑细胞、维持记忆力的作用。

	238 千卡	
蛋白质（克）		脂肪（克）
11.1		3.3
糖类（克）		纤维（克）
40.9		6.7

养颜蔬果汁 45 千卡

蛋白质（克）	脂肪（克）	糖类（克）	纤维（克）
1.0	0.0	10.2	3.1

材料：

苹果…20克　　柳橙…80克　　洋葱…20克
西芹…20克　　水…120毫升

做法：

1. 柳橙、洋葱去皮切丁；西芹洗净后切细段。
2. 将所有材料放入果汁机中打成汁即可。

鲔鱼烤饭团 193 千卡

蛋白质（克）	脂肪（克）	糖类（克）	纤维（克）
10.1	3.3	30.7	3.6

材料：

糙米饭…100克　　水渍鲔鱼罐头…35克
洋葱…50克　　玉米粒…15克
黑胡椒粒…少許　　包菜…100克

做法：

1. 洋葱切末，热锅后倒入1/2茶匙的油，放入洋葱炒香。
2. 再放入鲔鱼、黑胡椒、玉米粒炒到水分收干备用。
3. 糙米饭与炒好的洋葱鲔鱼玉米粒拌匀，放到饭团模型中压成型。
4. 用平底锅将饭团稍微煎一下，表面有一点焦黄即可。
5. 包菜切丝，食用前淋上一点日式和风酱即可。

Point

柳橙除了纤维高，更含维生素C，有助于铁的吸收。
洋葱含有多种生物类黄酮，可预防血管硬化及降低血脂、血压和预防血栓形成。
西芹中的膳食纤维质具有改善便秘、消除浮肿、有助于清血与稳定血压等作用。这杯蔬果汁也适合高血压或高血脂患者饮用。

香甜鲜果卷套餐

QQ 的面皮卷上各种水果，不仅酸甜的口感让人爱不释口，更有丰富的维生素 C 与膳食纤维。

〇 218 千卡	
蛋白质（克）	脂肪（克）
16.6	2.1
糖类（克）	纤维（克）
33.1	3.6

无糖绿茶　o 千卡

蛋白质（克）	脂肪（克）	糖类（克）	纤维（克）
0.0	0.0	0.0	0.0

材料：

绿茶包…1 个

做法：

将绿茶包放入 200 毫升热开水中，约 2 分钟后取出茶包即可。

香甜鲜果卷　218 千卡

蛋白质（克）	脂肪（克）	糖类（克）	纤维（克）
16.6	2.1	33.1	3.6

材料：

松饼粉…15 克　　太白粉…1 茶匙
低脂鲜奶…30 毫升　　猕猴桃…1/2 颗（约 55 克）
芒果…1/2 颗（约 55 克）　　火龙果…1/4 颗（约 40 克）

做法：

1. 松饼粉、太白粉与低脂鲜奶搅拌均匀成面糊。
2. 煎饼皮时先用纸巾沾一点油擦拭锅子（如果有良好的不沾锅则可完全不加油），热锅后倒入面糊，摇晃锅子让面糊成圆形，以小火慢煎，待面糊表面成型，试着用锅铲去铲面皮的边边，小心地铲起面皮后翻面，煎到熟透即可取出放凉。
3. 将切成块状的猕猴桃、火龙果、芒果放入煎好的饼皮中即可食用。

高纤乳酪手卷套餐

高钙食材若与维生素C摄取一起食用时，会增加钙的吸收，因此本道早餐以蔬果中的维生素C，搭配起司中的钙质，会让人体对钙质的吸收更好。

哈密瓜拿铁　48 千卡

蛋白质（克）	脂肪（克）	糖类（克）	纤维（克）
2.7	1.3	6.3	0.0

材料：
黑咖啡…200毫升
哈密瓜…50克
低脂鲜奶…80毫升

做法：
1. 将一半的哈密瓜切成小丁，另一半打成果汁。
2. 哈密瓜丁、哈密瓜汁、低脂鲜奶与黑咖啡搅拌均匀即可。

241 千卡

蛋白质（克）	脂肪（克）
13.8	7.7

糖类（克）	纤维（克）
29.0	5.3

Point

哈密瓜也可以不用打成汁，全部切成小丁直接加入拿铁咖啡中也很好喝！

高纤乳酪手卷
193 千卡

蛋白质（克）	脂肪（克）	糖类（克）	纤维（克）
11.1	6.4	22.7	5.3

材料：
地瓜…55克
低脂起司…1片
美生菜…30克
苜蓿芽…10克
西红柿…30克
胡萝卜…10克
春卷皮…1片
番茄酱…少许

做法：
1. 地瓜连皮洗净，切成长条状放入电锅中蒸10分钟蒸熟。
2. 苜蓿芽洗净、低脂起司切丝备用。
3. 胡萝卜、美生菜切丝，西红柿切块备用。
4. 以春卷皮铺底，将所有食材放在春卷皮上。淋上少许番茄酱，卷起即可。

Ch 6

帮助代谢的
高纤美体套餐

450 千卡
限定

肠道蠕动功能不佳的人，要多摄取全谷类、蔬菜类、水果类和足够的水分，以帮助促进肠胃代谢。本章介绍的高纤美体套餐着重在高纤维与能提高代谢的食材，让你烹调出不仅卡路里低，还含有丰富的维生素及膳食纤维的健康餐点。

这样做更好！——瘦身时期一定要注意代谢问题

主食类可尽量以五谷饭为主，因为五谷饭的纤维质较白米饭高，纤维质可促进肠胃蠕动，而且五谷类的维生素 B_1、维生素 B_2 含量高，可帮助能量代谢，让瘦身时期代谢更好！

猪肉苹果卷套餐

430 千卡

蛋白质（克）	脂肪（克）
31.3	**15.5**
糖类（克）	纤维（克）
41.2	**10.2**

香甜苹果搭配肉片的奇妙组合，不用一滴油就可以
烹调出健康的主菜，搭配焗薯泥、沙沙酱墨鱼等，
低糖少油的菜品也能很美味！

焗薯泥　121 千卡

蛋白质（克）	脂肪（克）	糖类（克）	纤维（克）
5.0	2.3	20.0	0.8

材料：
土豆…120 克
起司丝…25 克
青椒…10 克

做法：
1. 将土豆洗净去皮切成 2×2×2 厘米块状，放入电锅中蒸 15 分钟，蒸熟后压碎成泥状。
2. 青椒切小丁，起司丝切碎。
3. 将青椒加入蒸熟的土豆泥中搅拌均匀放入烤盅，上层铺起司碎，以烤箱 150 度烤 5 分钟，起司融化烤成金黄色即可。

猪肉苹果卷　142 千卡

蛋白质（克）	脂肪（克）	糖类（克）	纤维（克）
16.0	6.9	4.1	1.0

材料：
瘦猪肉片…80 克
苹果…1/4 颗（约 30 克）

调料：
盐…1/8 茶匙
白胡椒粉…少许
米酒…少许

做法：
1. 猪肉片用腌料腌 10 分钟备用。
2. 苹果去芯，切成 1×2×5 厘米的月牙状。
3. 用猪肉将苹果条卷起。
4. 卷好的猪肉卷放入烤箱中 200 度烤 10 分钟，肉片熟透后即可取出。

> **Point**
>
> 苹果含有水溶性纤维，可促进肠胃蠕动，与肉片一起烹调，其中维生素 C 能帮助人体吸收猪肉中的铁质。

沙沙酱墨鱼　103 千卡

蛋白质（克）	脂肪（克）	糖类（克）	纤维（克）
7.0	5.0	7.5	2.9

材料：
墨鱼…40 克

沙沙酱：
西红柿…50 克
洋葱…20 克
九层塔…少许
番茄酱…1 茶匙
黑胡椒粒…少许
酱油膏…1/4 茶匙

做法：
1. 墨鱼洗净剖开成一片，在墨鱼内面切出间隔 0.5 厘米宽的交叉花纹后，再切成 2 厘米宽的墨鱼片，烫熟备用。
2. 西红柿、洋葱切小丁，九层塔切碎。
3. 将西红柿、洋葱、九层塔、番茄酱、酱油膏、黑胡椒粒拌匀做成沙沙酱，拌在墨鱼上。

香菇烩芥菜　46 千卡

蛋白质（克）	脂肪（克）	糖类（克）	纤维（克）
2.2	1.3	6.5	3.5

材料：
姜丝…5 克
鲜香菇…30 克
芥菜心…100 克
鸡汤…少许
盐…1/8 茶匙

做法：
1. 香菇洗净切片，芥菜心切片。
2. 芥菜心汆烫捞起泡冷水备用。
3. 取炒锅倒入 1/4 茶匙油加热后加姜丝爆香，再加入鲜香菇、芥菜心拌炒，加入少许鸡汤煮熟后，加盐调味起锅。

笋丝鸡汤　18 千卡

蛋白质（克）	脂肪（克）	糖类（克）	纤维（克）
1.1	0.1	3.1	2.0

材料：
竹笋…50 克
鸡汤…1/2 碗
盐…1/8 茶匙

做法：
1. 竹笋洗净切丝。
2. 锅中放入水 1 碗，加入竹笋丝、鸡汤 1/2 碗煮熟，加入少许盐调味即可。

高纤柠香串鸡套餐

439 千卡

蛋白质（克）	脂肪（克）
25.2	14.2
糖类（克）	纤维（克）
52.6	12.9

高纤柠香串鸡用大量蔬菜搭配鸡肉增加主菜的分量，搭配低油烹调的副菜，这个套餐的总纤维量高达 12.9 克，已达每日建议摄取量的一半。

	蛋白质（克）	脂肪（克）	糖类（克）	纤维（克）
白米饭 100 克 138 千卡	2.8	0.2	31.1	0.2

	蛋白质（克）	脂肪（克）	糖类（克）	纤维（克）
高纤柠香串鸡 134 千卡	14.0	6.0	6.0	1.8

材料：

鸡腿肉…70 克
青椒…6 片（一片约 3×3 厘米）
红萝卜…6 片（一片约 3×3 厘米）
洋葱…6 片（一片约 3×3 厘米）
竹签…3 支
白芝麻…少许

调料：

蒜末…1 茶匙
酱油…1 茶匙
米酒…1 茶匙

烧烤酱：

柠檬汁…1 茶匙
柴鱼高汤…1 茶匙
酱油…1/2 茶匙
糖…1/4 茶匙

做法：

1. 鸡腿去皮去骨后，切成 3×3×3 厘米大小，用腌料先腌 15 分钟。
2. 腌好的鸡腿下滚水余烫 5 分钟后取出。
3. 烤箱先预热 180 度，将所有食材用竹签串起来。
4. 串鸡入烤箱烤 10 分钟后，再涂上烧烤酱烤 2 分钟即可。食用前洒上柠檬汁与少许白芝麻。

	蛋白质（克）	脂肪（克）	糖类（克）	纤维（克）
什锦豆包 98 千卡	7.1	5.5	5.0	3.5

材料：

白豆包…25 克
干香菇…10 克
胡萝卜…20 克
黑木耳…20 克
芹菜…50 克
姜丝…5 克
素蚝油…1/2 茶匙

做法：

1. 干香菇洗净后以冷开水浸泡至软化，切成丝状备用。
2. 白豆包、胡萝卜、黑木耳洗净后皆切成粗丝状；芹菜洗净后切成段状备用。
3. 热锅，加入沙拉油 1/2 茶匙，放入姜丝与香菇丝炒香，加入所有食材炒熟，以素蚝油调味拌炒均匀即可。

	蛋白质（克）	脂肪（克）	糖类（克）	纤维（克）
三杯海茸 49 千卡	0.2	2.5	6.5	5.6

材料：

姜…5 克
蒜头…5 克
海茸…150 克
九层塔…5 克
酱油…1/4 茶匙
米酒…1/8 茶匙
糖…1/4 茶匙
麻油…1/2 茶匙

做法：

1. 海茸洗净切成小段，蒜头、姜切片，九层塔洗净备用。
2. 取炒锅倒入 1/2 茶匙麻油加热后加姜、蒜头爆香，再加入海茸拌炒，用酱油、米酒、糖调味后，加入九层塔拌炒起锅。

Point

海茸属于藻类，含有胶原蛋白与水溶性膳食纤维，不仅可以下降血胆固醇，且口感 Q 弹爽口，健康营养又下饭喔！！

	蛋白质（克）	脂肪（克）	糖类（克）	纤维（克）
金针菇汤 20 千卡	1.1	0.0	4.0	1.8

材料：

金针菇…50 克
昆布高汤…1/2 碗
盐…1/8 茶匙

做法：

1. 金针菇洗净切小段。
2. 锅中放入水 1 碗，加入金针菇、昆布高汤煮熟，加入少许盐调味即可。

芙蓉海鲜盅定食

这份套餐的芙蓉海鲜盅与包菜卷皆使用蒸的手法。蒸制烹调温度保持在 100 度左右，食物本身的营养素不会因为高温而被破坏，也不会产生自由基，无添加额外的烹调用油更可减少热量的摄取！

424 千卡	
蛋白质（克）	脂肪（克）
25.8	12.7
糖类（克）	纤维（克）
51.6	11.5

五谷饭 100 克　133 千卡

蛋白质（克）	脂肪（克）	糖类（克）	纤维（克）
3.1	0.5	29.2	0.6

芙蓉海鲜盅　140 千卡

蛋白质（克）	脂肪（克）	糖类（克）	纤维（克）
14.0	8.0	3.0	0.7

材料：
草虾…1 只
墨鱼…10 克
旗鱼…30 克
蛋…1 颗
胡萝卜…30 克
金针菇…30 克
昆布高汤…50 毫升

调味料：
白胡椒粉…少许
盐…1/8 茶匙
酱油…1/4 茶匙

做法：
1. 草虾洗净去须，墨鱼、旗鱼切小片
2. 胡萝卜切小丁，金针菇切小段（约 3 厘米）。
3. 将所有食材放入碗中，蛋汁打匀倒入碗中，加入昆布高汤与调味料拌匀，放入电锅蒸 20 分钟，蒸熟即可。

包菜卷　79 千卡

蛋白质（克）	脂肪（克）	糖类（克）	纤维（克）
7.0	3.0	6.0	3.3

材料：
瘦猪肉片…35 克
包菜叶…2 大片
黑木耳…20 克
胡萝卜…10 克

腌料：
米酒…少许
盐…1/8 茶匙
胡椒粉…少许

做法：
1. 猪肉片用腌料 10 分钟备用。
2. 用滚水汆烫包菜叶约 1～2 分钟，烫软即可取出，切除中间较硬的菜梗，留下菜叶备用。
3. 黑木耳、胡萝卜洗净切丝备用
4. 摊开包菜叶片，放上腌好的肉片，再放上黑木耳丝与胡萝卜丝，由内往外卷，再将左右两边的包菜叶依序摺进来。
5. 将包菜卷放入盘中用电锅蒸 15 分钟，蒸熟即可。

魔芋牛蒡丝　60 千卡

蛋白质（克）	脂肪（克）	糖类（克）	纤维（克）
1.3	1.3	10.9	5.1

材料：
牛蒡…50 克
魔芋丝…20 克
酱油…1/4 茶匙
柴鱼高汤…1/4 茶匙
糖…1/4 茶匙

做法：
1. 牛蒡洗净切成丝。
2. 取炒锅倒入 1/2 茶匙油加热，再加入牛蒡与魔芋丝拌炒，放入酱油、糖与高汤，炒匀后焖煮至水分烧干即可。

海带芽汤　12 千卡

蛋白质（克）	脂肪（克）	糖类（克）	纤维（克）
0.5	0.0	2.5	1.8

材料：
干海带芽…5 克
排骨高汤…1/2 碗
盐…1/8 茶匙

做法：
1. 海带芽泡水洗净。
2. 锅中放入水 1 碗，加入海带芽、排骨高汤煮熟，加入少许盐调味即可。

Point

海带芽热量低，膳食纤维丰富，有"肠道清道夫"之称，除了让排便顺畅，也有助于血脂控制。要注意的是钠含量较高，烹调时盐的量不要超过 1/8 茶匙。

鸡肉八番卷定食

438 千卡

蛋白质（克）	脂肪（克）
28.2	11.6
糖类（克）	纤维（克）
55.1	11.1

这份定食的每道菜都没有用油烹调，利用"煮、蒸、
凉拌"等无油的烹调法即可完成，非常方便且健康。
日式风味的定食，很适合喜爱清淡口味的人。

白米饭 100 克　138 千卡

蛋白质（克）	脂肪（克）	糖类（克）	纤维（克）
2.8	0.2	31.1	0.2

鸡肉八番卷　154 千卡

蛋白质（克）	脂肪（克）	糖类（克）	纤维（克）
16.0	6.0	9.0	6.7

材料：
去骨去皮鸡腿…70 克
牛蒡…100 克
胡萝卜…20 克

酱汁：
酱油…1/4 茶匙
蒜苗段…10 克
昆布高汤…1/4 茶匙
糖…1/4 茶匙
柴鱼片…少量

做法：
1. 牛蒡洗净去皮刨丝，胡萝卜洗净去皮切成长条状。
2. 去骨去皮鸡腿肉摊平，将一半的牛蒡、胡萝卜放在鸡肉中卷起来，用棉绳绑住固定。
3. 取锅子加入水一碗，将酱汁的材料倒入煮沸。
4. 将鸡肉八番卷、剩余的牛蒡与胡萝卜放入酱汁中卤煮、鸡肉熟透后取出，将棉线打开，切成小段即可食用。

菠菜蒸蛋　97 千卡

蛋白质（克）	脂肪（克）	糖类（克）	纤维（克）
8.0	5.0	5.0	1.2

材料：
鸡蛋…1 颗
菠菜…50 克
鸡骨高汤…60 毫升
盐…少许

做法：
1. 菠菜洗净后切碎备用。
2. 取一碗打入蛋、菠菜、高汤、盐搅拌均匀，用筛子过滤倒入蒸碗中。
3. 放入电锅中蒸 15 分钟蒸熟即可。

番茄冷盘　27 千卡

蛋白质（克）	脂肪（克）	糖类（克）	纤维（克）
0.9	0.2	5.5	2.0

材料：
西红柿…100 克
葱花…少许
七味粉…适量

酱汁：
果醋…1/2 茶匙
酱油…1/4 茶匙

做法：
1. 西红柿洗净切片。
2. 取一碗将果醋与酱油拌匀。
3. 西红柿摆盘后洒上葱花、酱汁与七味粉即可。

洋葱味噌汤　22 千卡

蛋白质（克）	脂肪（克）	糖类（克）	纤维（克）
0.5	0.2	4.5	1.1

材料：
洋葱…50 克
昆布高汤…1/2 碗
味噌…1 茶匙

做法：
1. 洋葱去皮洗净，切成小块。
2. 锅中放入 1 碗水，加入昆布高汤和味噌煮沸，再加入洋葱煮至熟透后即可。

Point

一般味噌汤需要加糖调味，但是如果利用洋葱本身的甜味则不需额外加糖，这样不仅可减少热量，也可增加纤维的摄取。

红酒炖牛肉烩饭

红酒内含有对心脏有益的多酚类与抗氧化物质，除了平时可以适量饮用外，偶尔加入菜肴中烹调也是不错的方法喔！

439 千卡

蛋白质（克）	脂肪（克）
27.4	11.6
糖类（克）	纤维（克）
56.3	10.1

白米饭 100 克 138 **千卡**

蛋白质（克）	脂肪（克）	糖类（克）	纤维（克）
2.8	0.2	31.1	0.2

红酒炖牛肉 154 **千卡**

蛋白质（克）	脂肪（克）	糖类（克）	纤维（克）
15.0	6.0	10.0	2.1

材料：

牛腱…70 克
胡萝卜…50 克
洋葱…40 克
蘑菇…20 克
水…100 毫升
红酒…20 毫升

调味料：

番茄酱…1 茶匙　　意大利香料…少许
糖…1/2 茶匙　　黑胡椒…少许

做法：

1. 牛腱切成 3×3×3 厘米大小，胡萝卜、洋葱切滚刀块，蘑菇切片备用。
2. 锅中加入油 1/2 茶匙，洋葱下锅炒至上色后，放入胡萝卜与蘑菇拌炒。
3. 牛腱下锅同炒至表面上色。
4. 加入红酒与水，沸滚后加入调味料。
5. 沸腾后关小火，再焖煮 30 分钟即可。

纤四色 83 **千卡**

蛋白质（克）	脂肪（克）	糖类（克）	纤维（克）
4.5	5.0	5.0	3.0

材料：

白干丝…25 克
姜丝…5 克
芹菜…50 克
黑木耳…50 克
魔芋…50 克
盐…1/8 茶匙
胡椒粉…少许

做法：

1. 白干丝切成小段，魔芋、芹菜、黑木耳切成细丝。
2. 热锅，加入 1/2 茶匙油，放入姜丝炒香，再加入黑木耳炒熟，再放入白干丝、芹菜与魔芋加水炒熟，加入盐与胡椒粉调味即可。

柴鱼西兰花 45 **千卡**

蛋白质（克）	脂肪（克）	糖类（克）	纤维（克）
4.3	0.2	6.6	3.1

材料：

西兰花…100 克
柴鱼片…少许

酱汁：

酱油…1/4 茶匙
昆布高汤…1 茶匙
糖…1/4 茶匙

做法：

1. 西兰花洗净切成小朵。
2. 热一锅水将西兰花烫熟备用。
3. 热锅，倒入 50 毫升水加热后，加入酱油、糖与高汤，煮滚即可成酱汁。
4. 将酱汁淋于西兰花上，再放上柴鱼片即可。

Point

西兰花含有的 β-胡萝卜素、叶黄素、葡萄硫素、槲皮素等含硫植物化学素，均是对身体有帮助的抗氧化剂，不仅有防癌效果，还可保护心血管、预防黄斑部病变的发生几率。且西兰花的热量低、纤维多，并富含维生素 C 和维生素 A，相当有营养价值。

白萝卜汤 19 **千卡**

蛋白质（克）	脂肪（克）	糖类（克）	纤维（克）
0.8	0.2	3.6	1.8

材料：

白萝卜…80 克
排骨高汤…1/2 碗
盐…1/8 茶匙

做法：

1. 白萝卜去皮洗净，切成小块。
2. 锅中放入 1 碗水，加入排骨高汤煮沸，再加入白萝卜煮至熟透后，加入少许盐调味即可。

高纤红烧狮子头套餐

利用蔬菜和魔芋增加肉丸子的体积，且纤维质很高，能够提供充足的饱足感，但热量比市面贩售的狮子头少了一半以上。

五谷饭 100 克 **133** 千卡

蛋白质（克）	脂肪（克）	糖类（克）	纤维（克）
3.1	0.5	29.2	0.6

红烧狮子头 **130** 千卡

蛋白质（克）	脂肪（克）	糖类（克）	纤维（克）
16.0	6.0	3.0	2.0

材料：
猪后腿肉…70 克
魔芋…30 克
胡萝卜…20 克
蒜苗…10 克
大白菜…80 克

调味料：
寒天粉…5 克
米酒、盐、酱油…少许

酱汁：
水…100 毫升
酱油…1/2 汤匙
糖…1/4 茶匙

做法：
1. 猪后腿肉剁碎成绞肉状。
2. 胡萝卜、蒜苗切末，魔芋切小丁，大白菜切段。
3. 将绞肉、胡萝卜、蒜苗、魔芋放入碗中，加入调味料拌匀备用。用手摔打肉团，摔打出弹性后整形成小圆球状。
4. 将狮子头放入酱汁中，大火煮滚后转小火煮 10 分钟，加入大白菜，用小火炖煮 10 分钟入味即完成。

寿喜洋葱百页 **98** 千卡

蛋白质（克）	脂肪（克）	糖类（克）	纤维（克）
7.1	5.5	5.0	3.5

材料：
百页豆腐…25 克
洋葱…60 克
蒜苗…20 克
胡萝卜…10 克

酱汁：
昆布高汤…100 毫升
酱油…1/2 汤匙
糖…1/4 茶匙
柴鱼片…少许

做法：
1. 百页豆腐洗净切片备用。
2. 洋葱、胡萝卜洗净切丝，蒜苗切段。
3. 热锅加入油 1/2 茶匙，将蒜苗放入锅中炒香，再加入洋葱丝、胡萝卜丝炒香。
4. 酱汁倒入锅中，将蔬菜炖煮 5 分钟，再放入百页豆腐，炖煮 5 分钟，再放上柴鱼片即可。

蚝油芥蓝 **48** 千卡

蛋白质（克）	脂肪（克）	糖类（克）	纤维（克）
2.0	0.5	8.9	2.7

材料：
芥蓝菜…100 克

酱汁：
蚝油…1/4 茶匙
糖…1/8 茶匙
米酒…1/2 茶匙

做法：
1. 芥蓝菜洗净切段，放入滚水中烫熟后，捞起沥干。
2. 热锅加入 50 毫升的水，加入酱汁煮沸，最后洒两滴香油拌匀即成蚝油酱汁。
3. 将酱汁淋在芥蓝菜上即可。

Point

芥蓝菜含有机碱，带有一点苦味，因此酱汁中稍微加一点糖与米酒可以缓解苦味，让芥蓝菜更好吃喔！

木耳笋丝汤 **19** 千卡

蛋白质（克）	脂肪（克）	糖类（克）	纤维（克）
0.1	0.0	4.6	2.0

材料：
黑木耳…20 克
竹笋…50 克
胡萝卜…10 克
排骨高汤…100 毫升
盐…1/8 茶匙

做法：
1. 黑木耳、笋子、胡萝卜洗净切丝。
2. 锅中放入 1 碗水，加入黑木耳、笋丝、胡萝卜、排骨高汤煮熟，用少许盐调味即可。

芦笋彩椒鸡柳套餐

	443千卡	
蛋白质（克）		脂肪（克）
25.4		13.2
糖类（克）		纤维（克）
55.3		11.9

芦笋与甜椒的纤维质高，可帮助消化，加上甜椒中的维生素 C 很高，芦笋中富含叶酸与铁质，因此这道套餐对于容易便秘、气色不好、贫血的人有调理的效果。

		蛋白质（克）	脂肪（克）	糖类（克）	纤维（克）
白米饭 100 克	138 千卡	2.8	0.2	31.1	0.2

		蛋白质（克）	脂肪（克）	糖类（克）	纤维（克）
芦笋彩椒鸡柳	148 千卡	10.5	9.5	5.0	3.6

材料：
鸡胸肉…55 克
红椒…40 克
黄椒…40 克
芦笋…80 克
大蒜…10 克

腌料：
盐…1/8 茶匙
酱油…1/4 茶匙

做法：
1. 鸡胸肉切成长条状，用腌料先腌 15 分钟。
2. 红椒、黄椒、芦笋切成条状，蒜头切末。
3. 热锅倒入 1/4 茶匙油，把大蒜炒香，再放入鸡柳条炒至半熟。
4. 最后放入红椒、黄椒、芦笋一起拌炒熟成，再加入少许盐调味即可起锅。

		蛋白质（克）	脂肪（克）	糖类（克）	纤维（克）
牛肉鲜蔬沙拉	79 千卡	8.0	3.0	5.0	2.4

材料：
牛肉片…35 克
美生菜…20 克
胡萝卜…20 克
紫包菜…20 克
小黄瓜…30 克
苜蓿芽…10 克

腌料：
米酒…1/8 茶匙
酱油…1/4 茶匙
蒜泥…1/4 茶匙
酱油…1/2 茶匙
白醋…1/2 茶匙

酱料：
辣椒末…1/2 茶匙　　　酱油…1/2 茶匙　　　白醋…1/2 茶匙

做法：
1. 牛肉片放入腌料中腌 15 分钟。
2. 所有蔬菜仔细清洗，美生菜、小黄瓜切片备用，胡萝卜、紫包菜切丝。
3. 牛肉片放入烤箱中烤 10 分钟至熟透。
4. 蔬菜摆盘，再把烤好的牛肉片放上去，淋上酱料即可。

Point

用卷生菜烤牛肉片一起吃，也是另一种特别的吃法。

		蛋白质（克）	脂肪（克）	糖类（克）	纤维（克）
烧烤杏鲍菇	45 千卡	3.4	0.4	7.0	4.7

材料：
杏鲍菇…100 克
柴鱼片、七味粉…少许

烧烤酱：
油膏…1/2 茶匙
米酒…1/4 茶匙
蒜泥…5 克

做法：
1. 杏鲍菇洗净切成厚片。
2. 油膏、米酒、蒜泥拌匀，加水 10 毫升拌均匀即成烧烤酱。
3. 将烧烤酱涂于杏鲍菇上，进入烤箱中以 150 度烤 5 分钟后，翻面再涂一次酱，再烤 5 分钟熟透即可。
4. 取出烤好的杏鲍菇，再洒上柴鱼片与少许七味粉即可。

		蛋白质（克）	脂肪（克）	糖类（克）	纤维（克）
番茄汤	33 千卡	0.7	0.1	7.3	1.1

材料：
西红柿…50 克
洋葱…30 克
鸡汤…200 毫升

做法：
1. 洋葱切片，番茄切块。
2. 取水 100 毫升，加入鸡汤 200 毫升煮滚，放入切好的洋葱、番茄，大火再煮滚后，转成小火焖煮约 20 分钟，加入少许盐调味。（或用电锅直接炖煮 30 分钟亦可）

金黄猪肉三色卷定食

利用肉片卷上大量的蔬菜，以烤的方式降低热量，还能有酥炸的口感。加上多种美味鲜蔬，纤维多多，帮内脏减轻脂肪囤积的负担！

448千卡

蛋白质（克）	脂肪（克）
30.3	10.7
糖类（克）	纤维（克）
57.7	10.4

五谷饭 100 克　133 千卡	蛋白质（克）	脂肪（克）	糖类（克）	纤维（克）
	3.1	0.5	29.2	0.6

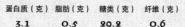

金黄猪肉三色卷　158 千卡	蛋白质（克）	脂肪（克）	糖类（克）	纤维（克）
	17.0	6.0	9.0	2.4

材料：
瘦猪肉片…70 克
小黄瓜…50 克
胡萝卜…50 克
玉米笋…50 克
鸡蛋…1/2 颗
面包粉…1/2 碗

调料：
米酒…少许　　酱油…1/2 茶匙　　蒜末…5 克

做法：
1. 面包粉入烤箱用 100 度烤 5 分钟，稍微翻动一下再烤 5 分钟，让面包粉烤至微黄，取出备用。
2. 猪肉片以腌料腌 15 分钟备用。小黄瓜、胡萝卜切成长条状。
3. 将胡萝卜、玉米笋烫熟备用。
4. 猪肉铺平，将三种蔬菜条卷起。
5. 猪肉卷沾上蛋液，裹上面包粉，放入烤箱中 180 度烤 10 分钟，拿出稍微翻面续烤 5 分钟，表面呈现金黄色即可取出切段。

凉拌洋葱鲔鱼　91 千卡	蛋白质（克）	脂肪（克）	糖类（克）	纤维（克）
	7.0	3.0	9.0	2.1

材料：
水渍鲔鱼罐头…35 克
洋葱…100 克
糖…1/4 茶匙
黑胡椒粒…少许

做法：
1. 洋葱切细末，泡在水中，放进冰箱浸泡 60 分钟以去除辛辣的味道。
2. 将浸泡过后的洋葱末取出，沥干水分。
3. 将洋葱末、鲔鱼片、糖、黑胡椒拌匀即可。

梅干菜卤苦瓜　46 千卡	蛋白质（克）	脂肪（克）	糖类（克）	纤维（克）
	2.2	1.3	6.5	3.5

材料：
苦瓜…100 克
梅干菜…20 克
姜…5 克
辣椒…少许

调味料：
糖…1/4 茶匙
酱油…1 茶匙

做法：
1. 梅干菜泡在水中让它展开，叶面清洗干净后挤干水分，切细备用。
2. 辣椒切片，苦瓜洗净去籽切成块状，姜切成姜末。
3. 锅里放 1/2 茶匙油，爆香辣椒、姜末，再放入梅干菜炒香。
4. 放入苦瓜拌炒一下。
5. 加入酱油、糖、水 100 毫升，大火煮滚后转小火，盖上锅盖，续卤约 5 分钟，直到苦瓜软烂为止。

魔芋丝香菇汤　20 千卡	蛋白质（克）	脂肪（克）	糖类（克）	纤维（克）
	1.1	0.0	4.0	1.8

材料：
魔芋丝…50 克
鲜香菇…50 克
鸡汤…1/2 碗
盐…1/8 茶匙

做法：
1. 鲜香菇洗净切丝，魔芋丝烫过备用。
2. 锅中放入水 1 碗加入魔芋丝、香菇丝、鸡汤 1/2 碗煮熟，加入少许盐调味即可。

排毒牛蒡煲

牛蒡含有高量的菊糖与膳食纤维，不仅具饱足感，还可以降低胆固醇、刺激肠胃蠕动，补充平时不足的纤维量喔！冬天时吃上一锅，心胃暖暖的，非常舒服！

⚪ **450 千卡**

蛋白质（克）	脂肪（克）
25.1	10.0
糖类（克）	纤维（克）
65.0	15.8

排毒牛蒡煲 393 千卡

蛋白质（克）	脂肪（克）	糖类（克）	纤维（克）
23.1	9.0	55.0	10.7

材料:

干冬粉… 40 克
瘦肉猪肉片… 70 克
豆腐… 50 克
牛蒡… 100 克
大白菜… 80 克
香菇… 90 克
姜片… 10 克
胡萝卜… 20 克
魔芋丝… 100 克
昆布高汤… 300 毫升

做法:

1. 牛蒡洗净带皮切成片状，大白菜、香菇、胡萝卜洗净切块。
2. 牛蒡、姜片、大白菜、胡萝卜、魔芋丝与昆布高汤放到汤锅中，再加入适量的清水（大约盖过材料 3 厘米左右）。
3. 盖上盖子，大火煮开后改小火煲 30 分钟（或放到电锅中煲 1 小时）。
4. 再放入香菇、豆腐、肉片，加入适量的盐调味。
5. 食用前加入冬粉煮熟即可。
6. 如果不想吃冬粉，也可以准备面条 120 克或饭 100 克，热量与干冬粉 40 克是一样的。

Point

牛蒡的皮有丰富的营养素与纤维，建议可拿菜瓜布刷洗表皮，把泥土及较粗硬的外皮除掉，保留较嫩的牛蒡皮食用。

五味茄子 57 千卡

蛋白质（克）	脂肪（克）	糖类（克）	纤维（克）
2.0	1.0	10.0	5.1

材料:

茄子… 100 克

五味酱:

姜末… 1/2 茶匙
蒜末… 1/2 茶匙
葱末… 1/2 茶匙
红辣椒末… 1/8 茶匙
油膏… 1/2 茶匙
番茄酱… 1 茶匙

做法:

1. 茄子洗净切段备用。
2. 煮一锅水，水滚后放入茄子，烫茄子时可用器具压住茄子，不让茄子浮出水面接触到空气，这样可保持茄子的颜色不会变成褐色，烫 3 ~ 5 分钟即熟，烫熟后放到有冰块的冰水中冰镇，之后取出摆盘。
3. 取一小碗，将五味酱的材料搅拌均匀，淋在茄子上即可。

Point

一般茄子大多会用油炸的方式来保持颜色漂亮，但茄子容易吸油，容易造成过多的油脂摄取，因此改用烫的方法，一样可尝到茄子的美味，又可减少热量。

养生清蒸鲷鱼套餐

425 千卡

蛋白质（克）	脂肪（克）
24.6	**14.4**
糖类（克）	纤维（克）
49.3	**11.9**

鲷鱼脂肪含量低，很适合用来制作低卡美食，且以清蒸的方式，更能保有鲷鱼中的优质蛋白质与烟碱酸等营养价值，搭配芥蓝菜、胡萝卜等高纤食材增加纤维质，帮你的肠道做好体内环保！

五谷饭 100 克 133 千卡

蛋白质（克）	脂肪（克）	糖类（克）	纤维（克）
3.1	0.5	29.2	0.6

清蒸鲷鱼 130 千卡

蛋白质（克）	脂肪（克）	糖类（克）	纤维（克）
14.0	6.0	5.0	3.6

材料：

鲷鱼片…70 克
蒜苗…10 克
胡萝卜…30 克
姜…10 克
芥蓝菜…70 克

腌料：

蚝油…1 茶匙　　米酒…1/4 茶匙

做法：

1. 鲷鱼片洗净放于盘中。
2. 姜、蒜苗、胡萝卜洗净切丝，芥蓝菜洗净切段。
3. 鱼片上放上姜丝、蒜苗、胡萝卜丝，两旁铺芥蓝菜。
4. 蚝油、米酒与水1汤匙搅拌均匀后淋在鲷鱼上。
5. 放入电锅蒸15分钟，蒸熟即可。

蚂蚁上树 97 千卡

蛋白质（克）	脂肪（克）	糖类（克）	纤维（克）
4.5	6.5	5.0	2.4

材料：

干冬粉…5 克
魔芋丝…30 克
猪绞肉…20 克
葱末…5 克
姜末…5 克
蒜末…5 克

调味料：

辣豆瓣酱…1 茶匙　　酱油…1/2 茶匙

做法：

1. 先把冬粉泡软对剪，魔芋丝切小段备用。
2. 热锅加入 1/2 茶匙油，爆香姜末、蒜末，加入猪绞肉炒到变色，接着加入魔芋丝、葱末炒香。
3. 于做法2的锅内加入冬粉跟所有调味料，炒到收汁就可以了。

> **Point**
>
> 利用魔芋丝取代部分冬粉，不仅增加脆脆的口感，还降低许多热量喔！

红烧香菇剑笋 46 千卡

蛋白质（克）	脂肪（克）	糖类（克）	纤维（克）
2.2	1.3	6.5	3.5

材料：

剑笋…70 克
鲜香菇…50 克
姜末…5 克
蒜片…5 克
辣椒…5 克

调味料：

酱油…1/2 茶匙
糖…1/4 茶匙

做法：

1. 鲜香菇切片，剑笋切段备用。
2. 炒锅内放 1/2 茶匙油加热，放入蒜片、姜末爆香后，再放入香菇、剑笋炒香，下调味料炒香后，加水至食材的八分满，盖上锅盖焖煮5分钟至入味后，拌炒收汁即可。

姜丝冬瓜汤 19 千卡

蛋白质（克）	脂肪（克）	糖类（克）	纤维（克）
0.8	0.2	3.6	1.8

材料：

冬瓜…50 克
姜丝…5 克
盐…少许

做法：

1. 冬瓜洗净切小片。
2. 锅中放入水1碗，加入姜丝、冬瓜煮熟，加入少许盐调味即可。

营养师的
代谢顺畅小教室

许多人都会遇到便秘的问题。经常排便不顺的人，常常会觉得自己的小腹凸出，怎么都消不下来，再加上体内毒素排不掉，常让人觉得面有菜色，精神也受到影响，也因此很多人坚持要天天排便。其实，并非一天没有排便就是便秘喔！有的人一天不排便就急着吃软便剂，长期依赖药剂的结果反而会让肠胃道失去自己蠕动的功能。切记，有以下症状才能称为便秘：

1. 一周内排便少于3次。
2. 排便时非常困难：例如很用力且排出干硬的粪便。
3. 排便时疼痛：粪便过于干燥坚硬，造成排便疼痛。
4. 排便次数明显比往常减少：原本天天排便变成3天没排便，且粪便很硬。

如果确定自己便秘，要改善这个问题，就要先了解造成便秘的原因：

1. 饮食缺乏纤维，造成粪渣太少，肠胃蠕动变慢。
2. 饮食过多纤维，水分不足，造成粪便变硬。
3. 缺乏运动，肠胃蠕动功能下降。
4. 怀孕、更年期与经期时激素与生理变化造成。
5. 精神压力造成生理产生变化。
6. 老化会造成消化系统退化，肠胃蠕动的功能下降。
7. 某些药物如止痛药、铁剂等会造成便秘。

预防便秘的不二法门

1. 每日要固定吃两份水果来摄取优质的维生素与矿物质。
2. 补充足够的水分（成人每日每公斤体重至少摄取30～35毫升的水），帮助将体内废物代谢出体外。
3. 搭配运动更能有效促进肠胃蠕动，帮助排便顺利。

Ch 7

消除疲劳的
提神醒脑套餐

450 千卡
限定

有瘦身经验的人都会遇到体重迟滞期，其原因就在于减少热量摄取，代谢也会逐渐变慢，因此我们可利用富含 B 族维生素、锌与镁的食物，来帮助提高新陈代谢和恢复精神体力。

这样做更好！——利用糙米的排毒功效

主食类可尽量以糙米饭为主，因为糙米饭的 B 族维生素比白米饭高出许多，可补充足够的营养素，还能净化血管，帮助排出体内的老废物质和毒素。尤其是在食品添加物、农药过量问题层出不穷的现在，糙米是非常棒的排毒圣品！

日式寿喜豚肉套餐

445 千卡

蛋白质（克）	脂肪（克）
25.0	9.8
糖类（克）	纤维（克）
64.4	11.1

这份日式套餐利用糙米、猪肉、豆腐、海带芽等富含B族维生素、锌、镁的健康食材，搭配低油的烹调法，可以补充活力。

糙米饭 100 克　130 千卡

蛋白质（克）	脂肪（克）	糖类（克）	纤维（克）
0.9	0.5	30.5	0.6

寿喜豚肉烧　153 千卡

蛋白质（克）	脂肪（克）	糖类（克）	纤维（克）
15.6	4.9	11.5	2.5

材料：
瘦猪肉片…70 克
洋葱…80 克
蒜苗…10 克
胡萝卜…30 克

调味料：
糖…1/8 茶匙　　昆布高汤…2 汤匙
酱油…1/2 茶匙　柴鱼片…1 茶匙

做法：
1. 蒜苗洗净切段，洋葱与胡萝卜洗净切丝。
2. 热锅，开小火放入 1/2 茶匙油，放入蒜苗爆香。
3. 再放入洋葱与胡萝卜丝炒至半熟，放入猪肉片继续拌炒。
4. 加入调味料后倒入 1 汤匙开水，稍微焖煮一下即可起锅。

日式炸豆腐　110 千卡

蛋白质（克）	脂肪（克）	糖类（克）	纤维（克）
6.7	4.0	12.0	0.9

材料：
豆腐…100 克
面包粉…10 克
蛋…1/4 颗

酱汁：
昆布高汤…1 汤匙
酱油膏…1 茶匙
米酒…1/4 茶匙

做法：
1. 面包粉入烤箱用100度烤5分钟，稍微翻动再烤5分钟，烤至微黄取出备用。
2. 豆腐切成4厘米正方块，裹上蛋液后，沾上面包粉，放入烤盘中。
3. 进入烤箱180度烤10分钟，翻面再烤5分钟。
4. 酱汁材料放入锅中煮沸后，食用前淋在豆腐上即可食用。

Point

豆腐看起来是用炸的，但是其实是利用烤箱创造出类似炸的口感，如此特别的做法，一定要试试看！

醋渍海带芽　32 千卡

蛋白质（克）	脂肪（克）	糖类（克）	纤维（克）
0.8	0.3	6.7	4.1

材料：
姜…10 克
海带芽…30 克
白醋…1 茶匙
糖…1/4 茶匙
辣椒片…少许

做法：
1. 热一锅水，海带芽放入锅中煮开备用。
2. 姜切成丝，与海带芽、白醋、糖、辣椒片搅拌均匀，腌渍20分钟即可。

番茄白菜汤　20 千卡

蛋白质（克）	脂肪（克）	糖类（克）	纤维（克）
1.0	0.2	3.7	3.1

材料：
西红柿…50 克
包心白菜…50 克
鸡骨高汤…200 毫升
盐…1/8 茶匙

做法：
1. 西红柿洗净切块，包心白菜洗净切成片状。
2. 锅中放入1碗水，加入西红柿、包心白菜、鸡骨高汤煮熟，加入少许盐调味即可。

日式凉面 209 千卡

蛋白质(克)	脂肪(克)	糖类(克)	纤维(克)
6.1	0.9	44.1	9.0

材料：
荞麦面(干重)… 40克(烫熟的为120克)
小黄瓜… 50克
胡萝卜… 50克
黑木耳… 50克
黄椒… 50克

酱汁：
芥末… 1/4 茶匙
酱油… 1/2 匙
糖… 1/4 茶匙
昆布高汤… 1/2 茶匙
柴鱼片… 1/4 茶匙

做法：
1. 荞麦面烫熟，放入冷水中漂凉后沥干备用。
2. 小黄瓜、胡萝卜、黑木耳、黄椒切成丝，黑木耳入滚水中烫熟后，泡冷水备用。
3. 荞麦凉面垫底，上面铺上小黄瓜、胡萝卜、黑木耳、黄椒等食材，酱汁的材料拌匀，食用前淋在凉面上即可。

芝麻鲑鱼凉面定食

荞麦含有各种必需氨基酸、纤维质、B 族维生素等，对人体有益处，无论煮汤或是炒面皆可，尤其适合做成凉面，风味独特，沾上特制的芥末酱汁，不仅开胃，搭配新鲜蔬菜更觉清爽对味。

香煎芝麻鲑鱼　179 千卡

蛋白质（克）	脂肪（克）	糖类（克）	纤维（克）
15.8	12.9	0.0	0.0

材料：
鲑鱼… 80 克
白芝麻… 5 克

做法：
1. 鲑鱼置于煎锅上，小火慢煎到逼出油脂。
2. 煎至一面有点焦黄后，翻面续煎，直到两面呈现黄色为止。
3. 起锅后将鱼片放在纸巾上吸取过多的油脂，盛盘后洒上白芝麻即可。

Point

煎鲑鱼时不要放油，鲑鱼的油脂可利用小火慢煎的方式逼出，不可以开大火，以免烧焦。

柴鱼风味龙须菜　22 千卡

蛋白质（克）	脂肪（克）	糖类（克）	纤维（克）
3.0	0.2	2.0	2.7

材料：
龙须菜… 100 克
柴鱼片… 1/2 茶匙
盐… 1/4 茶匙

做法：
1. 龙须菜洗净，切成 5 厘米长段，放入加了 1/4 茶匙盐的滚水中烫熟后取出。
2. 盛盘后，放上柴鱼片即可。

青蒜蛋花汤　40 千卡

蛋白质（克）	脂肪（克）	糖类（克）	纤维（克）
3.8	2.5	0.7	0.5

材料：
鸡蛋… 1/2 颗
青蒜… 10 克
鸡骨高汤… 250 毫升
盐… 1/8 茶匙

做法：
1. 青蒜洗净切段。
2. 锅中放入 1 碗水加入青蒜、高汤煮熟，打入蛋花煮熟，加盐调味起锅。

烧烤秋刀鱼定食

442千卡

蛋白质（克）	脂肪（克）
25.3	19.5
糖类（克）	纤维（克）
47.8	9.8

秋刀鱼富含维生素 B$_{12}$ 及良好的鱼油 DHA、EPA，可帮助神经细胞合成，预防神经性的忧郁或焦虑，稳定情绪。秋刀鱼虽是高脂肉类，但是只要控制分量，并以干烤的方式烹调，热量就不会超标。

白米饭 100 克 **138 千卡**	蛋白质（克）	脂肪（克）	糖类（克）	纤维（克）
	2.8	0.2	31.1	0.2

烧烤秋刀鱼 **185 千卡**	蛋白质（克）	脂肪（克）	糖类（克）	纤维（克）
	11.3	15.5	0.0	0.0

材料：
秋刀鱼…60 克
柠檬…1/6 片

做法：
1. 秋刀鱼洗净后放烤盘上，入烤箱200度烤10分钟，翻面再烤5分钟。
2. 取出秋刀鱼，挤上柠檬汁即可食用。

苦瓜镶肉 **60 千卡**	蛋白质（克）	脂肪（克）	糖类（克）	纤维（克）
	8.8	3.4	6.5	5.8

材料：
苦瓜…100 克
绞肉…20 克
板豆腐…40 克
胡萝卜末…10 克

腌料：
姜…5 克
酱油…1/4 茶匙
米酒…1/4 茶匙
白胡椒…1/8 茶匙
太白粉…1/8 茶匙

做法：
1. 苦瓜洗净切成段状，挖空中间的籽。
2. 板豆腐放到盘中，在上面盖上一块布，放上盘子压30分钟，利用盘子的重量压出豆腐多余的水，之后倒掉水分，将豆腐捏碎备用。
3. 绞肉、豆腐末、胡萝卜末与腌料搅拌均匀，腌10分钟。
4. 将拌好的肉馅填到苦瓜中，放到蒸盘上，入电锅蒸10分钟蒸熟即可。

昆布佃煮 **28 千卡**	蛋白质（克）	脂肪（克）	糖类（克）	纤维（克）
	0.7	0.2	5.8	3.7

材料：
昆布…100 克
白芝麻…5 克

酱汁：
酱油…1/4 茶匙
柴鱼高汤…1 茶匙
糖…1/4 茶匙

做法：
1. 昆布洗净切成宽0.3厘米的长条状。
2. 取炒锅倒入酱汁的材料加热后，放入昆布拌炒。
3. 起锅后撒上白芝麻即可食用。

Point

昆布可利用熬昆布高汤时所剩下的昆布，重复利用，一点都不会浪费，且其富含钙质、胶质与维生素，可降血压与血脂。

花椰菜心汤 **26 千卡**	蛋白质（克）	脂肪（克）	糖类（克）	纤维（克）
	2.0	0.1	4.2	3.0

材料：
花椰菜心…100 克
排骨高汤…1/2 碗
盐…1/8 茶匙

做法：
1. 花椰菜心洗净，去除表面硬皮，切成条状。
2. 锅中放入水1碗，加入花椰菜心、排骨高汤煮熟，加入少许盐调味即可。

牛蒡排骨汤　31 千卡

蛋白质（克）	脂肪（克）	糖类（克）	纤维（克）
0.75	0.2	6.5	2.5

材料：
牛蒡…30 克
排骨高汤…1/2 碗
盐…1/8 茶匙

做法：

1. 牛蒡连皮洗净，切成薄片。
2. 锅中放入 1 碗水，加入排骨高汤、牛蒡，煮沸后关小火炖煮10 分钟，加入盐调味后即可食用。

水梨牛肉　182 千卡

蛋白质（克）	脂肪（克）	糖类（克）	纤维（克）
13.5	6.6	17.1	4.7

材料：
牛肉片…70 克
水梨…100 克
杏鲍菇…50 克
蒜末…10 克
葱段…10 克

调料：
酱油…1/4 茶匙
米酒…1/4 茶匙
太白粉…1/8 茶匙

做法：

1. 水梨清洗后，带皮切成片状，杏鲍菇切成片状。
2. 牛肉用腌料腌 20 分钟备用。
3. 取一炒锅，加入 1/4 茶匙油，放入蒜末与葱段爆香。
4. 将牛肉与杏鲍菇放入，炒至肉片变色，最后将水梨片放入，均匀拌炒 1 分钟后即可用起锅。

水梨牛肉套餐

448 千卡

蛋白质（克）	脂肪（克）
23.8	12.1
糖类（克）	纤维（克）
61.1	11.4

水梨含有钾离子，具有调节血压的作用；B 族维生素可以补充元气消除疲劳；维生素 C 与果胶能维持皮肤弹性与光泽，加入菜肴中更显香甜可口。

糙米饭 100 克　130 千卡

蛋白质（克）	脂肪（克）	糖类（克）	纤维（克）
0.9	0.5	30.5	0.6

鲜虾沙拉　79 千卡

蛋白质（克）	脂肪（克）	糖类（克）	纤维（克）
8.0	3.0	5.0	2.4

材料：
虾仁…35 克
美生菜…30 克
胡萝卜…30 克
小黄瓜…30 克
玉米谷片…20 克
杏仁片…1 茶匙
日式和风酱…1 茶匙

做法：
1. 虾仁烫熟放凉备用。
2. 美生菜洗净后剥成片状，胡萝卜切成丝，小黄瓜切成片。
3. 将所有蔬菜放入碗中，上面放上虾仁、玉米谷片、杏仁片，洒上日式和风酱即可食用。

白芝麻莴苣　26 千卡

蛋白质（克）	脂肪（克）	糖类（克）	纤维（克）
0.6	1.8	1.9	1.2

材料：
莴苣（大陆妹）…100 克
白芝麻…5 克

酱汁：
酱油…1/4 茶匙
柴鱼高汤…1 茶匙
辣椒…少许

做法：
1. 莴苣洗净切成片，辣椒切末。
2. 热一锅水，将莴苣烫熟取出备用。
3. 酱油、柴鱼高汤与辣椒搅拌均匀，淋在烫熟的莴苣上，撒上白芝麻即可。

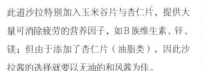

Point

此道沙拉特别加入玉米谷片与杏仁片，提供大量可消除疲劳的营养因子，如B族维生素、锌、镁；但由于添加了杏仁片（油脂类），因此沙拉酱的选择就要以无油的和风酱为佳。

香炒萝卜糕套餐

447 千卡

蛋白质（克）	脂肪（克）
35.6	12.1
糖类（克）	纤维（克）
48.8	8.5

谁说萝卜糕只能煎来吃？将萝卜糕切成小块后，不论煮汤或是拌炒都非常美味，再加入大量的蔬菜一起拌炒，分量与香气十足，让你瘦身也可以不饿肚子。

香炒萝卜糕 301 千卡

蛋白质（克）	脂肪（克）	糖类（克）	纤维（克）
21.0	8.5	35.0	2.8

材料：
萝卜糕…140 克
肉末…70 克
胡萝卜…30 克
豆芽菜…60 克
干香菇…3 朵
鸡骨高汤…100 毫升
蒜末…10 克

调味料：
蚝油…1/2 茶匙

做法：
1. 萝卜糕切成 2×2×2 厘米大小，胡萝卜切片，豆芽菜洗净沥干备用，干香菇泡水后切成片状，泡香菇的水留下备用。
2. 锅中加入 1/2 茶匙油，蒜末、香菇放入爆香。
3. 放入肉末炒至变色，加入胡萝卜、豆芽菜翻炒一下，再加入萝卜糕、蚝油、鸡骨高汤炒至颜色均匀，汤汁收干即可起锅。

芹菜炒墨鱼 66 千卡

蛋白质（克）	脂肪（克）	糖类（克）	纤维（克）
6.8	2.9	3.2	2.3

材料：
墨鱼…35 克
芹菜…80 克
姜、葱丝…5 克
葱段…5 克

调味料：
辣椒…少许
盐…1/8 茶匙
米酒…1/4 茶匙

做法：
1. 墨鱼洗净，撕去内膜后切花，芹菜切段，葱、姜、辣椒切丝。
2. 滚热水，将墨鱼氽烫后捞起沥干。
3. 热锅，加入1/4茶匙油爆香姜丝，再放入葱与芹菜段，最后下墨鱼翻炒。
4. 加入辣椒、盐调味，最后洒上米酒翻炒至收汁后即可起锅。

蒜香青菜花 45 千卡

蛋白质（克）	脂肪（克）	糖类（克）	纤维（克）
4.3	0.2	6.6	3.1

材料：
西兰花…50 克
菜花…50 克
蒜末…少许
盐…1/8 茶匙

做法：
1. 西兰花、菜花洗净切成小朵。
2. 热一锅水，将西兰花与菜花烫熟备用。
3. 将蒜末、盐与青菜花菜拌匀即可。

姜丝蚬仔汤 35 千卡

蛋白质（克）	脂肪（克）	糖类（克）	纤维（克）
3.6	0.6	3.9	0.3

材料：
蚬仔…40 克
姜丝…10 克
盐…1/8 茶匙
蒜苗末…1/2 茶匙

做法：
锅中放入 1.5 碗水煮沸后，再加入蚬仔、姜丝煮沸后，加盐调味，撒上蒜苗末即可。

Point

蚬仔富含维生素 B_2、B_6 与锌，可以补充营养，且对于肝细胞也具有保护作用，用来爱护你的肝脏、恢复体力再适合不过了。

寒天咖哩鸡烩饭

咖哩中的姜黄素已被许多营养学家所重视，除了具有抗老、消炎的作用外，还可以抑制癌细胞生长，在预防医学上扮演重要的角色，可以多多利用于美食中。

449 千卡

蛋白质（克）	脂肪（克）
22.3	8.8
糖类（克）	纤维（克）
69.9	15.6

白米饭 100 克 **138 千卡**

蛋白质（克）	脂肪（克）	糖类（克）	纤维（克）
2.8	0.2	31.1	0.2

寒天咖哩烩鸡 **198 千卡**

蛋白质（克）	脂肪（克）	糖类（克）	纤维（克）
14.5	8.0	17.0	4.4

材料：
鸡腿…90 克（带骨）
洋葱…80 克
胡萝卜…50 克
苹果…60 克

调味料：
寒天粉…5 克
咖哩粉…1 茶匙
鸡骨高汤…100 毫升
酱油…1/2 汤匙

做法：
1. 鸡腿去皮切块，洋葱洗净切片，胡萝卜、苹果洗净去皮切块。
2. 倒 1/4 茶匙油热过后，放入洋葱炒香，再放入胡萝卜与鸡腿肉拌炒。
3. 加入苹果、咖哩粉、鸡骨高汤、酱油，大火煮滚后，转小火煮 10 分钟，加入寒天粉勾芡即完成。

魔芋时蔬 **80 千卡**

蛋白质（克）	脂肪（克）	糖类（克）	纤维（克）
4.5	0.5	14.3	9.2

材料：
玉米笋…30 克
魔芋…100 克
香菇…50 克

酱汁：
昆布高汤…100 毫升
酱油…1/2 汤匙
糖…1/4 茶匙
米酒…1/2 茶匙

做法：
1. 魔芋切成块状，表面划几刀，让味道更入味。魔芋余烫备用。
2. 玉米笋洗净斜切，香菇洗净对半切。
3. 酱汁倒入锅中，将魔芋放入炖煮 10 分钟，再放入玉米笋、香菇炖煮 3 分钟入味即可。

海带芽味噌汤 **33 千卡**

蛋白质（克）	脂肪（克）	糖类（克）	纤维（克）
0.5	0.1	7.5	1.8

材料：
干海带芽…5 克
昆布高汤…1/2 碗
味噌…1 茶匙
葱花…1 茶匙
糖…1/2 茶匙

做法：
1. 干海带芽泡水洗净。
2. 锅中放入 1 碗水，加入昆布高汤、味噌与糖煮沸，再加入海带芽煮至熟透后，撒上葱花即可。

Point

味噌是用米和大豆发酵制成的，含有丰富的 B 群，被日本人视为养生食材，且风味独特，可经常食用。要注意的是盐分较高，故烹调时不用添加过多的盐。

苦瓜排骨汤 20 千卡

蛋白质（克）	脂肪（克）	糖类（克）	纤维（克）
0.8	0.2	3.7	2.5

材料：
苦瓜…100 克　　　排骨高汤…200 毫升
盐…1/8 茶匙

做法：
1. 苦瓜切块。
2. 取水100毫升，加入排骨高汤200毫升，水滚后放入苦瓜大火煮滚，转小火焖煮约10分钟，加入少许盐调味。（或用电锅直接炖煮20分钟亦可）

鸡肉彩椒盅 148 千卡

蛋白质（克）	脂肪（克）	糖类（克）	纤维（克）
10.5	9.5	5.0	3.6

材料：
鸡胸肉…55 克
红椒…1 颗
黄椒…50 克
青椒…50 克
大蒜…5 克

调味料：
黑胡椒…1/8 茶匙
盐…1/4 茶匙

做法：
1. 鸡胸肉切成丁。
2. 红椒横切成两半，留下底座备用，其余切成丁状，青椒与黄椒切成丁，蒜头切末。
3. 热锅倒入1/4茶匙油，把蒜末炒香，再放入鸡丁炒至半熟。
4. 最后放入红椒、黄椒、青椒、黑胡椒一起拌炒到熟，再加入少许盐调味，即可盛装到红椒盅里。

鸡肉彩椒盅套餐

413 千卡

蛋白质（克）	脂肪（克）
23.1	14.7
糖类（克）	纤维（克）
46.8	9.7

甜椒纤维质高，可帮助肠胃消化。不过，烹调热度会破坏甜椒的维生素C，因此我们可保留一部分的甜椒，直接洗净生食，以摄取更多的维生素C。

白米饭 100 克　138 千卡

蛋白质（克）	脂肪（克）	糖类（克）	纤维（克）
2.8	0.2	31.1	0.2

青蒜萝卜皮肉丝　89 千卡

蛋白质（克）	脂肪（克）	糖类（克）	纤维（克）
7.8	4.5	4.5	1.9

材料：
猪肉丝…35 克
白萝卜…100 克
青蒜段…20 克
盐…1/4 小匙

做法：
1. 白萝卜洗净，用削皮刀削下皮，切成段状，用1茶匙盐抓腌白萝卜皮，放置20分钟即会出水，再用开水冲掉盐分，沥干水分备用。
2. 热锅，倒入1/4茶匙油，放入猪肉丝小火慢炒，再放入青蒜段与白萝卜皮，炒熟后加盐调味即可。

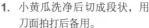
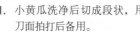

姜醋小黄瓜　18 千卡

蛋白质（克）	脂肪（克）	糖类（克）	纤维（克）
1.2	0.3	2.5	1.5

材料：
小黄瓜…100 克
姜丝…10 克

酱汁：
酱油…1 茶匙
白醋…1/2 茶匙
姜汁…1/4 茶匙
糖…1/4 茶匙

做法：
1. 小黄瓜洗净后切成段状，用刀面拍打后备用。
2. 拌匀酱汁的材料，用小锅子煮滚即成酱汁备用。
3. 酱汁与小黄瓜搅拌均匀，再放上姜丝。

Point

一般我们烹调时会把白萝卜皮削掉丢弃，但是其实白萝卜皮里含有丰富的纤维质，可帮助肠胃蠕动，我们只要将表皮洗干净，搭配青蒜拌炒，香香脆脆的很好吃喔！

梅干肉干拌面套餐

<table>
<tr><td colspan="2">○</td></tr>
<tr><td colspan="2">**431** 千卡</td></tr>
<tr><td>蛋白质（克）</td><td>脂肪（克）</td></tr>
<tr><td>29.2</td><td>17.3</td></tr>
<tr><td>糖类（克）</td><td>纤维（克）</td></tr>
<tr><td>39.5</td><td>5.4</td></tr>
</table>

在所有腌菜中，梅干菜的营养价值较高，胡萝卜素与镁的含量尤其突出，只要我们在清洗后泡水一阵子，腌菜的盐分就会流失，即可降低过多的钠，与肉排搭配起来，香气十足且甘甜有味。

蒜苗干拌面 140 千卡

蛋白质（克）	脂肪（克）	糖类（克）	纤维（克）
4.9	0.6	28.7	0.4

材料:

干面条… 40 克
蒜苗… 5 克

调味料:

酱油… 1 汤匙
排骨高汤… 2 汤匙

做法:

1. 热一锅水，干面条放入滚水中烫熟取出备用。
2. 热锅，将蒜苗与酱油、排骨高汤放入煮滚后，和烫熟的面搅拌均匀即可食用。

梅干菜肉排 174 千卡

蛋白质（克）	脂肪（克）	糖类（克）	纤维（克）
15.7	10.3	4.7	2.1

材料:

肉排… 70 克
梅干菜… 20 克
上海青… 100 克

调味料:

糖… 1/2 茶匙
酱油… 1/2 茶匙
米酒… 1/2 茶匙

做法:

1. 梅干菜泡水展开，仔细清洗切成小段，泡在水中 20 分钟备用，上海青洗净备用。
2. 把肉与所有调味料放入锅中，加水淹过材料后开大火，水滚后转小火继续焖煮 20 分钟后，再放入梅干菜煮 15 分钟。
3. 热一锅水，上海青放入滚水中烫熟取出备用。
4. 煮熟的梅干肉排连同酱汁一起放到上海青上即可。

西芹炒鸡柳 99 千卡

蛋白质（克）	脂肪（克）	糖类（克）	纤维（克）
7.4	6.1	3.6	1.5

材料:

鸡柳… 35 克
西芹… 90 克
胡萝卜… 10 克
蒜末… 5 克

做法:

1. 西芹洗净后，刨去表层过硬的纤维，切成片状，胡萝卜洗净切成片状。
2. 热锅后倒入 1/4 茶匙油，放入蒜末爆香，再放入鸡柳、西芹与胡萝卜拌炒，加一点水炒熟即可。

Point

西芹中含有芹菜素，能够舒张血管，也有镇定中枢神经的作用，因此具有降血压的功能。其富含膳食纤维且热量低，可以提供饱足感，是非常好的低卡食材。

大黄瓜排骨汤 18 千卡

蛋白质（克）	脂肪（克）	糖类（克）	纤维（克）
1.2	0.3	2.5	1.4

材料:

大黄瓜… 100 克
姜… 5 克
排骨高汤… 200 毫升
盐… 1/8 茶匙

做法:

1. 大黄瓜洗净去皮后切块，姜切成丝。
2. 锅中放入 1 碗水，加入姜、大黄瓜、排骨高汤煮熟，加入少许盐调味即可。

养生味噌旗鱼　130 千卡

蛋白质（克）	脂肪（克）	糖类（克）	纤维（克）
14.0	6.0	5.0	0.0

材料：
旗鱼…70 克
柠檬…1/6 片

腌酱：
味噌…2 茶匙
酱油…1 茶匙
米酒…1 茶匙
糖…5 克

做法：
1. 鱼片洗净，擦干水分备用。
2. 将腌酱搅拌均匀，再放入鱼片腌渍，放入冰箱冷藏 1 天即可入味。
3. 要烤之前将鱼片上的腌酱洗掉，抹上米酒，放入预热好的烤箱用 200 度的温度烤 15 ~ 20 分钟，食用时洒上柠檬汁即可。

Point

腌渍过的味噌鱼可放入干净保鲜盒中冷冻保存，可以放 1 周以上不会有问题，烹调前一天再拿到冷藏库解冻即可料理。

养生味噌旗鱼饭

味噌的高营养价值让注重养生的日本人视为圣品。搭配不饱和脂肪酸丰富的鱼片，让你也晋升为养生一族。

○ **419 千卡**

蛋白质（克）	脂肪（克）
25.6	9.5
糖类（克）	纤维（克）
57.8	10.4

糙米饭 100 克　130 千卡

蛋白质（克）	脂肪（克）	糖类（克）	纤维（克）
0.9	0.5	30.5	0.6

毛豆枸杞肉末　81 千卡

蛋白质（克）	脂肪（克）	糖类（克）	纤维（克）
6.2	2.0	9.5	3.5

材料：
猪肉末… 20 克
毛豆… 10 克
胡萝卜… 20 克
枸杞… 1/4 茶匙
蒜头… 1 颗
盐… 1/4 茶匙

做法：
1. 蒜头去皮切成末，胡萝卜洗净去皮切成小丁，枸杞泡水备用。
2. 热锅，放入蒜头与猪肉末，开小火，洒一点水拌炒，用小火慢炒让猪肉的油脂释放出来。
3. 待猪肉变色后，放入胡萝卜、毛豆与枸杞炒至全熟，再加盐调味即可起锅。

三杯秀珍菇　45 千卡

蛋白质（克）	脂肪（克）	糖类（克）	纤维（克）
3.4	0.4	7.0	4.7

材料：
秀珍菇… 100 克
姜… 10 克
蒜头… 10 克
九层塔… 10 克
麻油… 1/3 茶匙

调味料：
酱油… 1 茶匙
米酒… 1 茶匙
糖… 1/4 茶匙

做法：
1. 秀珍菇洗净，姜切薄片、蒜头切薄片。
2. 热锅，加入 1/3 茶匙麻油，放入姜与蒜片爆香，再加入秀珍菇拌炒。
3. 炒至半熟时加入调味料，继续拌炒至全熟，再放入九层塔翻炒一下即可起锅。

玉米排骨汤　33 千卡

蛋白质（克）	脂肪（克）	糖类（克）	纤维（克）
1.1	0.6	5.8	1.6

材料：
玉米… 40 克　排骨高汤… 200 毫升　盐… 1/8 茶匙

做法：
1. 玉米切块。
2. 取水 100 毫升，加入排骨高汤 200 毫升，水滚后，放入玉米大火煮滚后，转成小火焖煮约 10 分钟，加入少许盐调味。（或用电锅直接炖煮 20 分钟亦可）

美味可乐饼套餐

433 千卡

蛋白质（克）	脂肪（克）
24.3	**7.0**
糖类（克）	纤维（克）
68.4	**12.7**

可乐饼一般是用油炸的方法烹调，外层面皮会吸附许多油，造成摄取过多油脂和热量。其实可乐饼也可以用烤的，搭配蔬菜更提高纤维质与维生素，一口咬下吃进多种营养，又不油腻！

可乐饼 313 千卡

蛋白质（克）	脂肪（克）	糖类（克）	纤维（克）
14.6	3.5	55.9	6.3

材料：

土豆…180 克
猪绞肉…50 克
洋葱…20 克
玉米…30 克
胡萝卜…30 克
四季豆…40 克
黑胡椒…1/8 茶匙

裹粉：

面粉…1/2 汤匙
鸡蛋…1/2 颗
面包粉…1/2 碗

做法：

1. 面包粉用烤箱 120 度烤 5 分钟，稍微翻动再烤 5 分钟，让面包粉烤至有点金黄色，取出备用。
2. 土豆去皮，切成厚片状，放入电锅蒸熟后取出，捣成泥状备用。
3. 洋葱、胡萝卜切碎，四季豆切成珠状。
4. 取炒锅开小火，不用加油，将猪绞肉、洋葱、胡萝卜、四季豆与 1 大匙水入锅中拌炒，再加入 1/8 茶匙黑胡椒与少许盐炒熟即可。
5. 将炒好的肉馅倒入土豆泥中拌匀，再用手拍打成圆形。
6. 成形的土豆泥依序裹上薄薄一层的面粉 → 蛋液 → 面包粉，即可入烤箱 180 度烤 8 分钟，烤至表面金黄，翻面再烤 5 分钟到双面金黄即可。

橙香鸡丝生菜沙拉 79 千卡

蛋白质（克）	脂肪（克）	糖类（克）	纤维（克）
8.0	3.0	5.0	2.4

材料：

鸡胸肉…35 克
美生菜…30 克
胡萝卜…30 克
小黄瓜…30 克
柳橙…1/2 颗

橙香和风酱：

昆布高汤…1 茶匙
柳橙汁…1 茶匙
酱油膏…1 茶匙

做法：

1. 鸡胸肉烫熟放凉，用手撕成鸡丝备用。
2. 美生菜洗净后剥成片状，胡萝卜切成丝，小黄瓜切成片，柳橙切片。
3. 将所有蔬菜放入碗中，上面放上鸡丝，淋上橙香和风酱即可食用。

咖哩茄子煲 41 千卡

蛋白质（克）	脂肪（克）	糖类（克）	纤维（克）
1.8	0.5	7.5	4.0

材料：

茄子…100 克
西红柿…50 克
鸡骨高汤…150 毫升

调味料：

咖哩粉…5 克
月桂叶…1 小片
酱油…1/4 茶匙

做法：

1. 茄子与西红柿洗净后切成块状。
2. 锅中放入高汤 150 毫升、茄子与西红柿，加入调味料炖煮 5 分钟即可。

Point

茄子含有葫芦巴碱和胆碱，在小肠中能与过多的胆固醇结合，使其排出体外。而且茄子富含抗氧化的维生素 P、青花素，可避免胆固醇被氧化，能改善冠状动脉硬化的现象。

鱼骨汤饭团套餐

鱼骨富含钙质和微量元素，常吃可防止骨质疏松，特别适合生长期的青少年和骨骼开始衰老的中老年人。而且，经过炖煮的鱼骨，营养成分都成为水溶性物质，很容易被人体吸收，有益身体健康。

498 千卡

蛋白质（克）	脂肪（克）
24.3	7.0
糖类（克）	纤维（克）
68.4	12.7

肉松饭团 357 千卡

蛋白质（克）	脂肪（克）	糖类（克）	纤维（克）
3.47	2.4	25.0	6.3

材料：
米饭…100 克
肉松…45 克
海苔…10 克

做法：
1. 保鲜膜铺在平板上，铺上米饭，压平。
2. 铺上肉松，将其包裹住。
3. 捏制成饭团，再包上海苔。
4. 将剩余的材料依次制成饭团，将做好的饭团装入盘中即可。

黄瓜生菜沙拉 34 千卡

蛋白质（克）	脂肪（克）	糖类（克）	纤维（克）
6.4	3.0	5.0	2.4

材料：
黄瓜…85 克
生菜…120 克

调料：
盐…1 克
沙拉酱…适量
橄榄油…适量

做法：
1. 洗好的生菜切成丝。
2. 洗净的黄瓜切成片，再切丝，待用。
3. 将黄瓜丝装入生菜丝内。
4. 放入盐、橄榄油，搅拌片刻。
5. 将拌好的沙拉装入盘中。
6. 淋上适量的沙拉酱即可。

鱼骨味淋汤 107 千卡

蛋白质（克）	脂肪（克）	糖类（克）	纤维（克）
5.6	0.5	7.5	4.0

材料：
柴鱼片…25 克
味淋…20 毫升
豆腐…200 克
鱼骨…400 克
葱段…少许

调味料：
盐…2 克
白胡椒粉…2 克

做法：
1. 备好的豆腐切成小块，待用。
2. 锅中注入适量的清水大火烧开。
3. 倒入备好的鱼骨，氽煮片刻，去除血水。
4. 将鱼骨捞出，沥干水分，待用。
5. 砂锅中注入适量的清水大火烧热。
6. 倒入柴鱼片、鱼骨、豆腐、葱段。
7. 盖上锅盖，大火煮开后转小火煮 15 分钟。
8. 掀开锅盖，倒入味淋、盐、白胡椒粉。
9. 搅拌片刻，使其入味。
10. 关火后将煮好的汤盛出装入碗中即可。

Point

推荐在马上要熄火的时候用小漏勺和筷子一起把味噌酱打散在汤里，
撒上小葱末马上熄火！这样就保留味噌全部营养不被破坏哦~

辣白菜炒五花肉套餐

辣白菜炒五花肉与大酱汤都是传统的韩国料理，广受韩国国民的喜爱。

215 千卡

蛋白质（克）	脂肪（克）
22.4	35.0
糖类（克）	纤维（克）
58.4	22.7

辣白菜炒五花肉 148 千卡

蛋白质（克）	脂肪（克）	糖类（克）	纤维（克）
13.5	37.1	2.9	0.3

材料：

五花肉…100 克
辣白菜…20 克
熟白芝麻…5 克
姜片…少许
葱段…少许
蒜末…少许

调味料：

韩式辣椒酱…5 克
白糖…少许
食用油…适量

做法：

1. 将洗净的五花肉切薄片，待用。
2. 用油起锅，倒入肉片，炒匀，至其转色。
3. 倒入姜片、蒜末，炒出香味，放入韩式辣椒酱，炒匀炒透。
4. 放入备好的辣白菜，炒出辣味，加入白糖，炒匀，撒上葱段，炒香。
5. 关火后盛出炒好的菜肴，装在盘中，撒上熟白芝麻即可。

Point

猪肉含有丰富的优质蛋白质和必需的脂肪酸，并提供血红素（有机铁）和促进铁吸收的半胱氨酸，能改善缺铁性贫血。

简易大酱汤 90 千卡

蛋白质（克）	脂肪（克）	糖类（克）	纤维（克）
1.8	0.5	7.5	4.0

材料：

瘦肉…95 克
金针菇…80 克
西红柿…85 克
辣白菜…55 克
干贝…30 克
虾米…少许
豆腐…120 克

调味料：

盐…3 克
鸡粉…2 克
白糖…少许
生粉…适量
食用油…适量

做法：

1. 将洗净的金针菇切除根部。
2. 洗好的瘦肉切片，再切丝。
3. 洗净的西红柿切小瓣。
4. 洗好的豆腐切小方块。
5. 把肉丝放入碗中，加入少许盐，拌匀，撒上生粉，拌匀。
6. 注入少许食用油，拌匀，腌渍约 10 分钟，待用。
7. 用油起锅，倒入腌渍好的肉丝，炒匀，放入备好的辣白菜，炒匀。
8. 倒入切好的西红柿，炒匀，至其变软，注入适量清水。
9. 加盖，大火略煮一会儿。
10. 揭盖，放入洗净的干贝。
11. 再盖盖，大火煮约 3 分钟，至食材变软。
12. 揭盖，倒入豆腐块，放入切好的金针菇，搅散。
13. 加入鸡粉，放入盐，撒上白糖。
14. 搅匀，再煮一会儿，至食材熟透。
15. 关火后盛出煮好的大酱汤，撒上虾米即可。

Point

大酱汤在韩国是日常餐桌必不可少的传统菜品。之所以从古至今在韩国源远流长，并在现代社会走向世界，不仅仅是一种生活惯性使然，更因为其的确营养丰富、味美可口、操作方便、原料简单。

辣蒸鲫鱼套餐（两人份）

鲫鱼肉质细嫩，肉营养价值很高，每百克肉含蛋白质13克、脂肪11克，并含有大量的钙、磷、铁等矿物质。鲫鱼药用价值极高，其性平味甘，入胃、肾经，具有和中补虚、除羸、温胃进食、补中生气之功效。

433 千卡

蛋白质（克）	脂肪（克）
17.1	7.0
糖类（克）	纤维（克）
3.8	12.7

	白米饭 300 克　414 千卡	蛋白质（克）	脂肪（克）	糖类（克）	纤维（克）
		2.8	0.2	31.1	0.2

	辣蒸鲫鱼　452 千卡	蛋白质（克）	脂肪（克）	糖类（克）	纤维（克）
		17.1	7.0	3.8	12.7

材料：

净鲫鱼…350 克
红椒…35 克
姜片…15 克
葱丝…少许
姜丝…少许
葱段…少许

调味料：

盐…3 克
胡椒粉…少许
蒸鱼豉油…适量
食用油…适量

做法：

1. 将处理干净的鲫鱼切上花刀。
2. 洗净的红椒切开，去籽，再切丝，改切丁。
3. 把切好的鲫鱼放在盘中，撒上盐、胡椒粉。
4. 倒入食用油，腌渍一会儿，待用。
5. 取一蒸盘，铺上葱段，放入腌渍好的鲫鱼。
6. 撒上红椒丁、姜片，摆好。
7. 蒸锅上火烧开，放入蒸盘。
8. 盖上盖，用大火蒸约 8 分钟，至食材熟透。
9. 关火后揭盖，取出蒸盘。
10. 拣去姜片，撒上葱丝、姜丝。
11. 浇上热油，淋入蒸鱼豉油即可。

Point

将鲫鱼去鳞剖腹洗净后，放入盆中倒一些黄酒，就能除去鱼的腥味，并能使鱼滋味鲜美；或者将鱼剖开洗净后，在牛奶中泡一会儿，既可除腥，又能增加鲜味。

韩式冷面套餐

汤的浸泡一定要够时间，味道才正宗，在浸泡时要
冷藏保存，吃起来味道会更为清香，冷汤中的面条
口感也更为爽滑。

311 千卡

蛋白质（克）	脂肪（克）
24.3	7.0
糖类（克）	纤维（克）
68.4	12.7

韩式冷面 97 千卡

蛋白质（克）	脂肪（克）	糖类（克）	纤维（克）
13.5	3.5	48.3	6.3

材料：

荞麦面…100 克
水发海带…45 克
黄瓜…65 克
去皮胡萝卜…60 克
泡菜汁…60 毫升
高汤…130 毫升
韩式辣椒酱…30 克

做法：

1. 泡好的海带切丝。
2. 洗净的黄瓜切丝。
3. 洗好去皮的胡萝卜切丝。
4. 锅置火上，倒入高汤。
5. 加入泡菜汁。
6. 放入韩式辣椒酱。
7. 搅至均匀。
8. 用中小火煮开成面汤。
9. 关火后盛出煮好的面汤，装碗，放凉待用。
10. 沸水锅中倒入荞麦面，煮约3分钟至熟软。
11. 捞出煮好的荞麦面，过凉水后沥干水分，装碗待用。
12. 锅中继续倒入切好的海带丝，余烫一会儿至断生。
13. 捞出余好的海带丝，沥干水分，装碟待用。
14. 将切好的黄瓜丝和胡萝卜丝放在荞麦面上。
15. 放入余好的海带丝。
16. 将食材拌匀。
17. 将拌好的食材装入干净的碗中。
18. 加入放凉的面汤即可。

煎五花肉 214 千卡

蛋白质（克）	脂肪（克）	糖类（克）	纤维（克）
1.6	0.5	20.6	4.0

材料：

五花肉…200 克
泡菜汁…30 毫升
韩式辣椒酱…40 克

调味料：

食用油…适量

做法：

1. 洗净的五花肉切片。
2. 将切好的五花肉片装碗，倒入韩式辣椒酱。
3. 拌至均匀。
4. 加入泡菜汁。
5. 淋入食用油。
6. 拌匀，腌渍2小时至入味。
7. 用油起锅，放入腌好的五花肉片。
8. 煎约10分钟至五花肉片熟透，两面焦黄。
9. 关火后盛出煎好的五花肉片，装盘即可。

Point

五花肉吃多了会感觉腻，建议卷在生菜中一起吃，就不会感觉腻口了。

营养师的
消除疲劳小教室

B 族维生素与能量代谢有关。当人体进行能量代谢时，会需要 B 族维生素作为辅酶，如果能量代谢的过程里缺乏 B 族维生素，人体则容易出现疲劳、无力、精神不济等状况，许多人在熬夜之后甚至会出现口角炎（俗称烂嘴角）等症状，这也都是因为熬夜让身体代谢不良所造成。此时医生会开 B 族维生素，服用后即可改善。矿物质锌、镁也可以帮助提振精神，有效帮助恢复体力。

维生素 B₁
维生素 B₁ 在谷类、胚芽含量高，肉类、牛奶也是良好的来源，绿色蔬菜与坚果类含量也不少。由于维生素 B₁ 参与糖类代谢的反应，因此维生素 B₁ 的需要量与热量需要量成正比（0.5mg/1000 千卡）。缺乏时会造成神经炎、便秘、精神萎靡、水肿、脚气病及幼童时期发育不良等症状。

维生素 B₂
蛋、内脏、牛奶是维生素 B₂ 良好的来源，且与蛋白质代谢有极大的关系，其需要量是由热量需要量来计算（0.55mg/1000 千卡）。缺乏时会造成口角炎、舌炎、眼睑发炎、脂漏性皮肤炎等症状。

维生素 B₃
亦称烟碱酸，含量较为丰富的是谷类、酵母、瘦肉、肝脏，其次是奶类、鲑鱼、番茄等。维生素 B₃ 与糖类、脂肪、蛋白质的代谢有关，建议需要量为 6.6mgN.E./1000 千卡。缺乏时会造成癞皮病、口角炎、舌炎、疲惫、忧郁、躁狂症等症状。

维生素 B₅
亦称泛酸。主要来源为动物性食品，其次是谷类、蔬菜与奶类，每日需求量约 5～10mg，缺乏时会出现疲劳、四肢发痒、头痛、肠胃症状、精神抑郁、皮肤角质化等症状。

维生素 B₆
富含动物性蛋白的食物皆为维生素 B₆ 的良好来源，如肉类、鱼、家禽类，其次是土豆、蔬菜。维生素 B₆ 与蛋白质代谢有关，因此其需求量与蛋白质摄取多寡有关系，蛋白质（肉类）吃得多者，其需求量就要大，一般来说成人建议量为 1.6～2.0mg/天。缺乏时会造成食欲不振、贫血、抽筋、忧郁、衰弱等症状。

锌
猪肉、海鲜、豆类、坚果类等是锌的良好来源，其生理功能除了抗氧化作用、免疫、伤口复原以外，也与男性精子形成及睪固酮量有相关。缺乏时则会造成食欲不振、生长迟滞、毛发脱落、伤口不易愈合、儿童性腺发育不良。

镁
镁主要来自植物性食品如坚果、豆类、绿色蔬菜、全谷类等，其为骨骼、牙齿中的主要成分，其次则分布在各组织中，有肌肉收缩、神经传导功能之调节作用，还有促进蛋白质合成、糖类与脂肪代谢的作用。缺乏时会造成胰岛素抗性和糖尿病风险，还会引起脾气暴躁、紧张、肌肉抽搐等症状。饮食中补充镁能预防忧郁、头晕、肌肉抽痛等症状。

Ch 8

维持好气色的
高铁美肤套餐

450 千卡
限定

本章介绍的高铁美肤套餐，会特别着重在造血相关功效和保持皮肤光滑弹性的营养素，让你摄取足够的胶原蛋白，保持好气色。

这样做更好！——借由每天都会吃的主食类来补充铁质

主食类可尽量以紫米饭为主，因为黑糯米的铁质与纤维质较白米饭高，而且我们平时较少能吃到黑色的食材，因此将黑糯米加入米饭中，就可以摄取到黑色的食物，补足缺乏的营养素。

菠萝蒸排骨套餐

448千卡	
蛋白质（克）	脂肪（克）
26.0	13.8
糖类（克）	纤维（克）
55.1	10.4

菠萝含有膳食纤维、果胶、维生素C、类胡萝卜素等营养素，还含有蛋白酶可以分解蛋白质，让蛋白质更好吸收消化。建议使用新鲜菠萝入菜，避免用高盐的菠萝罐头。这道菜有养颜抗老和预防感冒的作用。

紫米饭 100 克　130 千卡

蛋白质（克）	脂肪（克）	糖类（克）	纤维（克）
1.1	0.5	30.2	1.4

菠萝蒸排骨　196 千卡

蛋白质（克）	脂肪（克）	糖类（克）	纤维（克）
14.3	10.0	12.2	1.6

材料：
猪排… 70 克
菠萝片… 35 克
红椒… 30 克
蒸肉粉… 10 克

腌料：
酱油… 1 茶匙
米酒… 1/2 茶匙

做法：
1. 猪排用酱油、米酒抓腌 20 分钟。
2. 红椒洗净切片备用，菠萝切片铺在蒸盘上。
3. 腌好的猪排沾上少许蒸肉粉，与红椒片一起排放在菠萝片上。
4. 放入电锅蒸 30 分钟，蒸熟即可。

生菜黑枣虾松　79 千卡

蛋白质（克）	脂肪（克）	糖类（克）	纤维（克）
8.0	3.0	5.0	2.4

材料：
虾仁… 35 克
竹笋… 20 克
洋葱… 20 克
芹菜… 20 克
黑枣… 1 颗
美生菜… 2 片
盐… 1/8 茶匙
白胡椒… 少许

做法：
1. 虾仁洗净切成约 0.5×0.5×0.5 厘米小丁。
2. 洋葱、芹菜、竹笋洗净切成小丁。
3. 美生菜剥叶洗净备用。
4. 炒锅开小火，不用加油。加入少许水炒香洋葱，再放入虾仁炒至变色，加入芹菜翻炒后，加盐与白胡椒调味即可盛起。
5. 将黑枣去籽切成小块，食用前与虾一起放入生菜中即可食用。

Point

黑枣的铁质和维生素 C 丰富，让此道菜肴的营养价值大大提升，随着水果产季的变换，如果你想加入其他水果也都是可以的，例如水梨、苹果皆是不错的尝试。

清蒸美人腿　26 千卡

蛋白质（克）	脂肪（克）	糖类（克）	纤维（克）
1.5	0.2	4.6	3.1

材料：
茭白笋… 100 克
胡萝卜… 10 克
蒜末… 5 克
盐… 1/8 茶匙

做法：
1. 茭白笋洗净斜切成滚刀块，排在蒸盘上。
2. 胡萝卜切成丝，并与盐、蒜末搅拌均匀，放置于排好的茭白笋上。
3. 放入电锅中蒸 20 分钟，蒸熟即可食用。

四季豆鸡汤　17 千卡

蛋白质（克）	脂肪（克）	糖类（克）	纤维（克）
1.1	0.1	3.1	1.9

材料：
四季豆… 50 克
姜丝… 5 克
鸡骨高汤… 1/2 碗
盐… 1/8 茶匙

做法：
1. 四季豆洗净切段。
2. 锅中放入水 1 碗，加入四季豆、鸡骨高汤 1/2 碗煮熟，加进姜丝煮 1 分钟，再加少许盐调味即可。

香煎牛排套餐

牛肉是含铁量较高的肉类，只要选择低脂的牛肉，瘦身时也可享受牛排大餐。依照每个人需求热量不同做分量的调整，全家大小皆可一起食用！

443 千卡	
蛋白质（克）	脂肪（克）
25.3	14.6
糖类（克）	纤维（克）
52.7	15.0

114

芦笋山药卷　138 千卡

蛋白质（克）	脂肪（克）	糖类（克）	纤维（克）
2.7	1.2	29.4	4.4

材料：

芦笋… 50 克
紫山药… 100 克
海苔片… 1 张

做法：

1. 芦笋洗净切成 5 厘米长段。
2. 山药洗净去皮后切成 5×2×2 厘米长块状。
3. 将芦笋与山药用滚水烫熟。
4. 把海苔片剪成小片状，利用海苔片将山药与芦笋卷起即可。

香煎牛排　166 千卡

蛋白质（克）	脂肪（克）	糖类（克）	纤维（克）
14.0	10.0	5.0	2.1

材料：

牛排… 70 克
洋葱… 100 克
盐… 1/8 茶匙

做法：

1. 30 克洋葱磨成洋葱泥，70 克洋葱切成丝状备用。
2. 将牛排稍微打过后，加入洋葱泥按摩入味，腌 30 分钟。
3. 腌好的牛排放入平底锅以小火慢煎，牛排会释出油脂，所以不用加油。牛排煎至七分熟，洒上少许盐即可熄火装盘。
4. 利用牛排的油脂拌炒洋葱，撒一点盐调味炒熟后，摆盘在牛排旁即可。

鲜蔬鸡柳佐果醋酱　75 千卡

蛋白质（克）	脂肪（克）	糖类（克）	纤维（克）
7.0	3.0	5.0	2.6

材料：

鸡柳… 35 克
上海青… 50 克
玉米笋… 20 克
西红柿… 30 克

果醋酱：

果醋… 1/4 茶匙
酱油… 1/2 茶匙
昆布高汤… 1 茶匙

做法：

1. 水煮沸后放入上海青、玉米笋汆烫后泡冷水沥干备用。
2. 鸡柳洒上少许盐、黑胡椒、太白粉抓腌后，放进沸水中煮熟。
3. 鸡柳、上海青、玉米笋与切块的西红柿摆盘后，淋上果醋、酱油与昆布高汤做成的果醋酱即可。

Point

果醋可以利用家中现有的，例如柠檬醋、梅子醋、苹果醋等。如果没果醋可以改用白醋，加入一点柳橙汁或是柠檬汁，也可以呈现不同风味。

凉拌鸳鸯红白丝　42 千卡

蛋白质（克）	脂肪（克）	糖类（克）	纤维（克）
1.1	0.3	8.8	4.8

材料：

白萝卜… 70 克
胡萝卜… 70 克

调味料：

白醋… 1 茶匙
糖… 1/2 茶匙

做法：

1. 白萝卜和胡萝卜洗净去皮后切成丝状。
2. 用盐 1 茶匙抓腌红、白萝卜，静置 10 分钟出水，将水分压干，并用开水冲洗过多的盐分。
3. 加入白醋与糖，腌渍 30 分钟即可。

洋葱汤　22 千卡

蛋白质（克）	脂肪（克）	糖类（克）	纤维（克）
0.5	0.2	4.5	1.1

材料：

洋葱… 50 克
鸡骨高汤… 1 碗
干燥月桂叶… 1 片
盐… 1/8 茶匙
黑胡椒粒… 少许

做法：

1. 洋葱洗净切丝。
2. 热锅，放入洋葱丝与少许水炒到洋葱变色，加入鸡骨高汤 1 碗、水 1 碗、月桂叶和黑胡椒，盖上锅盖炖煮 30 分钟，用少许盐调味即可。

养生红枣鸡套餐

红枣的维生素 C、铁质相当高，可以补气血，且富含三帖类化合物，对于肝脏有保护的作用。枸杞中的维生素 A、C、B₁、B₂ 及铁质含量丰富，还有预防脂肪肝的作用。当气色不好或熬夜疲累，也可以将红枣、枸杞煮成开水饮用，适时地补充水分与营养素。

435 千卡

蛋白质（克）	脂肪（克）
25.1	13.7
糖类（克）	纤维（克）
52.6	8.9

白米饭 100克 **138** 千卡

蛋白质（克）	脂肪（克）	糖类（克）	纤维（克）
2.8	0.2	31.1	0.2

养生红枣鸡 **176** 千卡

蛋白质（克）	脂肪（克）	糖类（克）	纤维（克）
14.0	10.0	7.5	2.1

材料：

鸡腿…90克（含骨重）
红枣…2颗
枸杞…10克
干香菇…2朵
米酒…1/2 茶匙
盐…1/4 茶匙

做法：

1. 鸡腿切块，去掉皮下脂肪。
2. 干香菇泡水后切片备用，泡香菇的水留下备用。
3. 热锅加入 1/2 茶匙油，鸡腿放入炒锅中炒至半熟，放入枸杞、红枣、香菇片、米酒及泡香菇的水焖煮5～6分钟，加入盐调味，待鸡腿熟透即可起锅。

紫菜卷 *75* 千卡

蛋白质（克）	脂肪（克）	糖类（克）	纤维（克）
7.0	3.0	5.0	2.4

材料：

猪绞肉…35克
洋葱…30克
芹菜…30克
胡萝卜…20克
海苔片…1/2 片
盐…1/8 茶匙
太白粉…1/8 茶匙

做法：

1. 洋葱、芹菜、胡萝卜切成细末备用。
2. 猪绞肉与洋葱、芹菜、胡萝卜末加入盐和太白粉抓腌20分钟备用。
3. 将海苔片摊平，铺上绞肉泥卷起来，即为紫菜卷。
4. 卷好的紫菜卷放入蒸盘中，放电锅蒸20分钟。
5. 取出蒸熟的紫菜卷，切成小段即可食用。

Point

猪绞肉可选后腿猪肉，再请猪肉商帮你绞碎，不要购买市场中已经绞好的绞肉，因为那种绞肉的来源不得而知，也比较油腻，如果是后腿肉则属于低脂肉类，热量较低。

青椒鸿喜菇 **33** 千卡

蛋白质（克）	脂肪（克）	糖类（克）	纤维（克）
0.8	0.2	7.0	3.0

材料：

鸿喜菇…60克
青椒…40克
柴鱼片…少许

酱汁：

酱油…1/2 茶匙
米酒…1/4 茶匙
糖…1/2 茶匙

做法：

1. 鸿喜菇洗净去蒂，用手剥成长条状，青椒洗净切成长条状。
2. 鸿喜菇与青椒放入烤盘中烤5～8分钟，烤熟即可。
3. 热锅加入酱汁材料，加开水1大匙，煮沸后放入柴鱼片即可关火。
4. 酱汁与烤好的青椒、鸿喜菇拌匀，放置5分钟入味即可食用。

长年菜排骨汤 *13* 千卡

蛋白质（克）	脂肪（克）	糖类（克）	纤维（克）
0.5	0.3	2.0	1.3

材料：

长年菜（芥菜）…60克
排骨高汤…1/2 碗
姜片…5克
盐…1/8 茶匙

做法：

1. 长年菜洗净切片。
2. 锅中放入1碗水，加入芥菜、姜片与排骨高汤1/2碗煮熟，加入盐调味即可。

鲜菇三杯猪排饭

445 千卡

蛋白质（克）	脂肪（克）
26.3	13.4
糖类（克）	纤维（克）
54.8	11.8

杏鲍菇含有丰富的多糖体，对于人体免疫力有提升的功效，是很好的养生食材。且加入菜肴中不仅提高主菜的纤维量，也增加主菜的分量，视觉上的享受让你忘了自己正在节食。

紫米饭 100 克　130 千卡

蛋白质（克）	脂肪（克）	糖类（克）	纤维（克）
1.1	0.5	30.2	1.4

鲜菇三杯猪排　173 千卡

蛋白质（克）	脂肪（克）	糖类（克）	纤维（克）
14.0	8.5	10.0	4.3

材料：
猪肉排… 70 克
杏鲍菇… 90 克
胡萝卜… 10 克
九层塔… 10 克
姜片… 5 克
蒜头… 5 克
麻油… 1/2 茶匙

腌料：
蒜头… 5 克
酱油… 1/4 茶匙
米酒… 1/4 茶匙

调味料：
酱油… 1/4 茶匙
米酒… 1/4 茶匙
冰糖… 1/4 茶匙

做法：
1. 猪肉排拍打过后，用腌料抓腌 15 分钟。
2. 杏鲍菇洗净切小块，九层塔洗净备用，胡萝卜切片。
3. 热锅，倒入 1/2 茶匙麻油，放入姜片与蒜头爆香，放入猪肉排煎 2～3 分钟，再放入杏鲍菇与胡萝卜片拌炒，加入调味料和水 1/2 杯，焖煮 3 分钟，放入九层塔拌炒一下即可出盘。

红烧苦瓜面轮　85 千卡

蛋白质（克）	脂肪（克）	糖类（克）	纤维（克）
7.0	3.0	7.5	2.5

材料：
面轮… 40 克
苦瓜… 100 克
姜丝… 5 克

调味料：
酱油膏… 1/8 茶匙
糖… 1/8 茶匙

做法：
1. 面轮用热水泡软，再放入滚水中煮 2 分钟去除过多油脂。
2. 苦瓜洗净去籽，切成块状备用。
3. 热锅，倒入 1/4 茶匙油，放入姜丝爆香后加入苦瓜、面轮，拌炒后放入调味料及 1/2 碗水，盖上锅盖焖煮 3 分钟即可。

Point

苦瓜是维生素 C 很高的食材，可帮助排除毒素，调节免疫功能，而且也有美肤的效果。

蒜香四季豆　34 千卡

蛋白质（克）	脂肪（克）	糖类（克）	纤维（克）
2.2	0.1	6.1	3.0

材料：
四季豆（或称菜豆）… 100 克
蒜头… 5 克
盐… 1/4 茶匙

做法：
1. 四季豆洗净切段，蒜头去皮洗净切末备用。
2. 热一锅水，放入四季豆余烫 5 分钟，熟透后取出。
3. 四季豆洒上少许盐、蒜头拌匀即可食用。

紫菜蛋花汤　23 千卡

蛋白质（克）	脂肪（克）	糖类（克）	纤维（克）
2.0	1.3	1.0	0.6

材料：
干紫菜… 5 克
排骨高汤… 1/2 碗
蛋… 1/2 颗
盐… 1/8 茶匙

做法：
1. 干紫菜泡水备用。
2. 锅中放入水 1 碗加紫菜、排骨高汤 1/2 碗煮沸。
3. 打入蛋花，加少许盐煮熟即可。

牛肉芦笋卷定食

芦笋含有高维生素C，与牛肉卷在一起食用，可让牛肉的铁质更容易被人体吸收。且搭配口感微酸爽脆的双色木耳，清爽解油腻的感觉，非常适合喜爱清淡口感的人。

426千卡	
蛋白质（克）	脂肪（克）
28.8	**10.2**
糖类（克）	纤维（克）
54.8	**15.0**

白米饭 100 克　138 千卡

蛋白质（克）	脂肪（克）	糖类（克）	纤维（克）
2.8	0.2	31.1	0.2

牛肉芦笋卷　142 千卡

蛋白质（克）	脂肪（克）	糖类（克）	纤维（克）
17.0	6.0	5.0	2.6

材料：
牛肉片… 70 克
芦笋… 90 克

调料：
蒜末… 10 克
酱油… 1/4 茶匙
米酒… 1/4 茶匙
糖… 1/4 茶匙

做法：
1. 牛肉排拍打后，用腌料抓腌 15 分钟。
2. 芦笋洗净切段备用。
3. 将牛肉片摊开，放上芦笋后卷起来。
4. 将牛肉芦笋卷放烤盘上，进烤箱烤 10 ~ 15 分钟熟透即可。

白菜冻豆腐　77 千卡

蛋白质（克）	脂肪（克）	糖类（克）	纤维（克）
0.9	0.3	7.7	7.4

材料：
冻豆腐…50 克
大白菜…100 克
鸡骨高汤…150 毫升
盐…1/8 茶匙

做法：
1. 冻豆腐切成长条状备用，大白菜洗净切成长条状。
2. 锅中放入冻豆腐、大白菜、鸡骨高汤，用小火慢煮，煮到白菜熟透，加盐调味即可。

醋渍双色木耳　37 千卡

蛋白质（克）	脂肪（克）	糖类（克）	纤维（克）
7.6	3.5	4.1	3.8

材料：
干白木耳… 10 克
新鲜黑木耳… 50 克
姜丝… 10 克
白醋… 1/2 茶匙
盐… 1/8 茶匙
糖… 1/8 茶匙
辣椒… 1/4 根

做法：
1. 白木耳洗净后泡水，待其膨胀柔软，撕成片状备用，黑木耳洗净去蒂，切成片状，辣椒切成斜片。
2. 热一锅水，放入白木耳与黑木耳余烫 5 分钟，熟透后取出放凉。
3. 姜丝和黑白木耳加入白醋、盐、糖、辣椒片拌匀，放置冰箱 10 分钟入味即可。

Point

白木耳富含植物性胶原蛋白，具保持肌肤弹性与美白等效用，堪称美容养颜圣品，热量低又可提供饱足感，口感脆，做成醋渍美食很爽口。

白萝卜味噌汤　32 千卡

蛋白质（克）	脂肪（克）	糖类（克）	纤维（克）
0.5	0.2	7.0	1.1

材料：
白萝卜… 50 克
昆布高汤… 1/2 碗
味噌… 1 茶匙
糖… 1/4 茶匙

做法：
1. 白萝卜去皮洗净，切成小块。
2. 锅中放入 1 碗水，加入昆布高汤和味噌煮沸，再加入白萝卜和糖煮至熟透后即可。

黄瓜蒸虾套餐

许多人以为虾的胆固醇很高而不敢吃，其实虾的胆固醇是在头部及卵黄，因此食用时只要去除虾的头部与卵黄，就可以避免摄取过多胆固醇。且虾肉是属于低脂肉类，热量低又鲜美，用来做低卡美食再适合不过了。

○

424 千卡

蛋白质（克）	脂肪（克）
26.8	11.6
糖类（克）	纤维（克）
52.8	17.1

紫米饭 100 克　130 千卡

蛋白质（克）	脂肪（克）	糖类（克）	纤维（克）
1.1	0.5	30.2	1.4

黄瓜蒸虾　141 千卡

蛋白质（克）	脂肪（克）	糖类（克）	纤维（克）
15.7	7.3	3.0	1.6

材料：
大黄瓜…100 克
绞肉…35 克
草虾…2 只
香菇末…10 克
蒜苗末…10 克

腌料：
姜…5 克
酱油…1/4 茶匙
米酒…1/4 茶匙
白胡椒…1/8 茶匙
太白粉…1/8 茶匙

做法：
1. 大黄瓜去皮切成段状，挖空中间的籽。
2. 绞肉、香菇末、蒜苗末与腌料搅拌均匀，腌 10 分钟。
3. 草虾去掉头部，挑出肠泥。
4. 将拌好的肉馅填到大黄瓜中，上面插上草虾，再放到蒸盘上，入电锅蒸 10 分钟蒸熟即可。

黑木耳姜丝肉片　92 千卡

蛋白质（克）	脂肪（克）	糖类（克）	纤维（克）
7.9	3.3	7.7	7.4

材料：
新鲜黑木耳…100 克
肉片…35 克
姜丝…5 克
盐…1/8 茶匙

做法：
1. 黑木耳洗净去蒂，切片备用。
2. 热锅，倒入 1/4 茶匙的油，放入姜丝爆香后加肉片下去炒，如果太干可加一点鸡骨高汤一起拌炒，最后放入黑木耳炒熟即可。

雪花魔芋金针菇　30 千卡

蛋白质（克）	脂肪（克）	糖类（克）	纤维（克）
1.7	0.4	4.9	5.9

材料：
金针菇…50 克
魔芋丝…50 克
菠菜…30 克

酱汁：
昆布高汤…1 茶匙
糖…1/4 茶匙
酱油…1/2 茶匙

做法：
1. 金针菇切成小段，魔芋丝洗净切成 4～5 厘米长，菠菜洗净切成小段。
2. 热一锅水，放入金针菇与魔芋丝汆烫 5 分钟，熟透后取出放凉。
3. 菠菜汆烫后拧干备用。
4. 所有蔬菜沥干水分后，与酱汁拌匀即可食用。

青木瓜排骨汤　31 千卡

蛋白质（克）	脂肪（克）	糖类（克）	纤维（克）
0.4	0.1	7.0	0.8

材料：
青木瓜…100 克
排骨高汤…1/2 碗
盐…1/4 茶匙

做法：
1. 青木瓜去皮洗净，切成小块。
2. 锅中放入 1 碗水，加入排骨高汤煮沸，再加入青木瓜与盐，煮至熟透即可。

Point

青木瓜含有维生素 A 与木瓜酵素，有调节生理机能及帮助体内环保的作用，是维持青春与身材的天然食材。

茄红打抛猪套餐

413 千卡

蛋白质（克）	脂肪（克）
19.8	**10.0**
糖类（克）	纤维（克）
60.8	**9.9**

这份套餐改良泰式料理的打抛猪肉，加入番茄丁后，
其中的茄红素含量大大提升，且油炒后的茄红素更
好被人体吸收。喜欢重口味的人，也可加一点新鲜
的辣椒。

	蛋白质（克）	脂肪（克）	糖类（克）	纤维（克）
紫米饭 100 克　130 千卡	1.1	0.5	30.2	1.4

	蛋白质（克）	脂肪（克）	糖类（克）	纤维（克）
茄红打抛猪　159 千卡	14.9	6.2	11.0	1.9

材料：

猪后腿绞肉… 70 克
西红柿… 100 克
九层塔… 10 克

调味料：

盐… 1/8 茶匙
酱油… 1/2 茶匙
黑糖… 1/4 茶匙

做法：

1. 西红柿和九层塔洗净切成小丁。
2. 热锅，倒 1/4 茶匙油，放入绞肉小火慢炒，加入番茄丁后倒 1 茶匙水续炒 5 分钟。
3. 最后加入调味料与九层塔末，拌炒均匀即可。

Point

西红柿富含茄红素，可以发挥抗氧化的效果，增强免疫力和抗老化。茄红素可降低心脏病罹患率、防止紫外线伤害皮肤、抑制癌症的发生、提高男性生育力、减轻香烟与酒精的伤害等等。不过，茄红素需经过加热，才比较容易被人体吸收。

	蛋白质（克）	脂肪（克）	糖类（克）	纤维（克）
辣炒空心菜　49 千卡	1.4	2.9	4.3	2.9

材料：

空心菜… 100 克
蒜头… 2 颗
辣椒片… 1/4 茶匙
盐… 1/8 茶匙

做法：

1. 空心菜洗净切成小段，蒜头切成末。
2. 热锅，倒入 1/4 茶匙的油，放入蒜末和辣椒片爆香，加入空心菜拌炒，加一点鸡汤炒熟即可。

	蛋白质（克）	脂肪（克）	糖类（克）	纤维（克）
凉拌青木瓜　41 千卡	0.4	0.1	9.5	0.9

材料：

青木瓜… 100 克
胡萝卜… 10 克
长豆… 10 克
蒜末… 5 克
姜末… 5 克
香菜末… 5 克

酱汁：

鱼露… 1 茶匙
糖… 1/4 茶匙
柠檬汁… 1 茶匙

做法：

1. 青木瓜与胡萝卜刨成丝，长豆切小段备用。
2. 先将蒜末、姜末、香菜末和酱汁放入碗中，利用干净的棍子敲打材料。
3. 再加入青木瓜丝、长豆与胡萝卜丝，继续椿至材料均匀即可盛盘。

	蛋白质（克）	脂肪（克）	糖类（克）	纤维（克）
竹笙香菇鸡汤　34 千卡	2.0	0.3	5.8	2.8

材料：

干竹笙… 10 克（大约 1 条）
鲜香菇… 50 克
鸡骨高汤… 1/2 碗
盐… 1/8 茶匙

做法：

1. 竹笙泡水后仔细洗净，切成小段，香菇洗净切成片状。
2. 锅中放入 1 碗水，加入鸡骨高汤煮沸，再放入竹笙、香菇炖煮 10 分钟后，加盐调味即可。

黑豆麻油鸡面线套餐

438 千卡

蛋白质（克）	脂肪（克）
31.9	**10.9**
糖类（克）	纤维（克）
52.8	**10.8**

这份中式套餐使用了黑豆、枸杞、红凤菜等高铁的食材，搭配低脂的鸡肉与麻油，非常适合瘦身中且需要补充元气的人，吃了会让人气色红润，亮丽又窈窕。

面线 149 千卡

蛋白质（克）	脂肪（克）	糖类（克）	纤维（克）
5.1	0.7	30.8	1.4

材料：
干面线… 50 克

做法：
热一锅水，水滚后放入面线，边加热边搅拌，直到面线熟透即可取出。

黑豆麻油鸡 175 千卡

蛋白质（克）	脂肪（克）	糖类（克）	纤维（克）
16.9	6.9	11.3	3.0

材料：
鸡腿… 90 克（含骨重）
包菜… 100 克
黑豆… 10 克
姜… 10 克
麻油… 1 茶匙
米酒… 1 汤匙

做法：
1. 将鸡腿洗净，切除皮下脂肪备用。
2. 包菜、姜洗净切片备用。
3. 热锅，倒入 1 茶匙麻油，放入姜片爆香。
4. 放入鸡腿和黑豆，加水盖过鸡腿，煮至水滚后加入米酒，续用小火炖煮 10 分钟。
5. 最后放入包菜煮到熟透。食用前加入烫熟的面线即可。

Point

黑豆营养丰富，有豆中之王之称，且其氨基酸组成与动物蛋白相似，接近人体需要的比例，因此容易消化吸收，对于补充元气、活血利水有特殊的功效。

枸杞小白菜肉末 66 千卡

蛋白质（克）	脂肪（克）	糖类（克）	纤维（克）
8.0	2.8	2.1	2.4

材料：
猪后腿绞肉… 35 克
小白菜… 100 克
枸杞… 5 克
蒜头… 1 颗
盐… 1/8 茶匙

做法：
1. 小白菜洗净切小丁状，蒜头洗净去皮后切末。
2. 枸杞泡水 10 分钟，沥干备用。
3. 热锅后加入 1/4 茶匙油，放入蒜末爆香，加入绞肉用小火慢炒。
4. 绞肉炒至变色后加入小白菜末，续炒至小白菜半熟，加入枸杞、盐炒至全熟即可。

姜丝红凤菜 48 千卡

蛋白质（克）	脂肪（克）	糖类（克）	纤维（克）
1.9	0.6	8.7	4.0

材料：
红凤菜… 100 克
姜丝… 5 克

调味料：
盐… 1/8 茶匙

做法：
1. 红凤菜洗净切段。
2. 热油锅，倒入 1/4 茶匙油，加姜丝爆香后放入红凤菜，加 1 茶匙鸡骨高汤，加盐炒熟即可食用。

番茄炖牛腩烩饭

449 千卡

蛋白质（克）	脂肪（克）
15.5	19.4
糖类（克）	纤维（克）
52.9	12.0

牛腩属于高脂肉类，口感软嫩，但热量为低脂肉的2
倍，所以当我们想吃较高油脂的肉时，可以减少肉量、
增加蔬菜量，以提高饱足感，并且当餐的配菜不要加
油烹调，就可以避免摄取过多的油脂。

紫米饭 100 克	130 千卡	蛋白质（克）	脂肪（克）	糖类（克）	纤维（克）
		1.1	0.5	30.2	1.4

番茄炖牛腩	259 千卡	蛋白质（克）	脂肪（克）	糖类（克）	纤维（克）
		10.8	18.0	13.3	5.3

材料：

牛腩…60 克
西红柿…100 克
胡萝卜…50 克
洋葱…50 克

调味料：

番茄酱…1 茶匙
月桂叶…2 片
糖…1/2 茶匙
百里香…1/8 茶匙

做法：

1. 牛腩切成 3×3×3 厘米大小，胡萝卜、洋葱皆切滚刀块。
2. 西红柿切成细末备用（或是用果汁机打成糊状亦可）。
3. 锅中加入 1 大匙水，放入洋葱炒至上色后，放入番茄糊、胡萝卜拌炒 1 分钟。
4. 牛腩下锅同炒至表面上色。
5. 加水盖过食材，水滚后加入调味料。
6. 沸腾后关小火，再焖煮 30 分钟即可。

Point

炒这道菜时不要加油，用水炒即可，否则炖煮出来的油脂会非常多，感觉很油腻。或是牛腩也可换成低脂的牛腱肉，热量也可以下降 40% 左右。

什锦百菇	45 千卡	蛋白质（克）	脂肪（克）	糖类（克）	纤维（克）
		2.2	0.5	8.0	3.6

材料：

杏鲍菇…30 克
鸿喜菇…40 克
金针菇…30 克
姜…5 克

酱汁：

昆布高汤…100 毫升
米酒…1 茶匙
酱油…1 茶匙
糖…1/4 茶匙

做法：

1. 所有香菇洗净去除根部，杏鲍菇切成薄片状，鸿喜菇分成小株，金针菇切 3 厘米长段，姜切成丝。
2. 热锅加入酱汁，放入姜丝一起煮。
3. 煮沸后加入所有的香菇，焖煮至汤汁收干即可。

鸡汁茼蒿汤	15 千卡	蛋白质（克）	脂肪（克）	糖类（克）	纤维（克）
		1.4	0.4	1.4	1.7

材料：

茼蒿…80 克
鸡骨高汤…1/2 碗
盐…1/8 茶匙

做法：

1. 茼蒿仔细洗净，切成小段。
2. 锅中放入 1 碗水，加入鸡骨高汤煮沸，再加入茼蒿煮至熟后，加盐调味即可。

红苋鸡卷套餐

429 千卡

蛋白质（克）	脂肪（克）
34.8	**11.3**
糖类（克）	纤维（克）
47.1	**13.4**

红苋菜的铁含量是菠菜的6倍，每100克含有12毫克的铁，是所有蔬菜类中铁含量最丰富的；利用鸡肉把红苋菜卷起来，蒸的口感非常清淡可口，不仅纤维高，也可以摄取高量的铁质。

白米饭 100 克	**138** 千卡	蛋白质（克）	脂肪（克）	糖类（克）	纤维（克）
		2.8	0.2	31.1	0.2

红苋鸡卷	**152** 千卡	蛋白质（克）	脂肪（克）	糖类（克）	纤维（克）
		19.0	7.2	3.0	2.6

材料：

鸡腿肉… 80 克
红苋菜… 100 克

腌料：

盐… 1/8 茶匙
酱油… 1/2 茶匙
白胡椒粉… 1/4 茶匙

做法：

1. 鸡腿去皮去骨以腌料抓腌 15 分钟备用。
2. 红苋菜洗净切成长段，余烫过后拧干水分备用。
3. 摊平腌过的鸡腿肉，把红苋菜放在鸡肉上慢慢卷起来，以铝箔纸包起。
4. 鸡肉卷放入电锅蒸，蒸 20 分钟蒸熟即可取出切片。

卤笋块豚肉	**67** 千卡	蛋白质（克）	脂肪（克）	糖类（克）	纤维（克）
		9.1	1.7	3.8	4.0

材料：

猪后腿肉… 35 克　　姜片… 1/4 茶匙
竹笋… 100 克　　　酱油… 1/4 茶匙
魔芋块… 50 克　　　糖… 1/8 茶匙
胡萝卜… 20 克　　　五香粉… 1/8 茶匙

做法：

1. 猪后腿肉、魔芋、竹笋和胡萝卜切成块状。
2. 热锅，加一些水，放入姜片用水爆香，再放入猪肉、笋块、魔芋和胡萝卜翻炒一下，加水 150 毫升，放入酱油、糖、五香粉，用小火卤 20 分钟。

芝麻菠菜	**36** 千卡	蛋白质（克）	脂肪（克）	糖类（克）	纤维（克）
		2.1	1.8	3.0	3.2

材料：

菠菜… 100 克
黑芝麻… 1/8 茶匙
白芝麻… 1/8 茶匙

酱汁：

酱油… 1/2 茶匙
昆布高汤… 1/2 茶匙

做法：

1. 菠菜洗净烫熟后，取出泡冷水漂凉。
2. 把菠菜叶排列整理好切成小段，用手拧干菠菜。
3. 拧干的菠菜放入一个小盅压紧，塑型后倒扣在盘子上。
4. 酱汁搅拌均匀淋上去，洒上黑、白芝麻即可。

Point

菠菜的叶酸含量丰富，搭配高铁的黑芝麻，成为一道非常补血的菜肴！虽然黑芝麻为油脂类，但适量摄取对人体是有好处的。我们可以用凉拌法洒上芝麻来取代油脂，增加抗氧化维生素与矿物质的摄取。

金针海带芽汤	**36** 千卡	蛋白质（克）	脂肪（克）	糖类（克）	纤维（克）
		1.8	0.4	6.2	3.4

材料：

干金针花… 10 克
干海带芽… 5 克
排骨高汤… 1/2 碗
盐… 1/8 茶匙

做法：

1. 金针花洗净后，用温水泡 15 分钟。
2. 锅中放入 1 碗水，加入排骨高汤煮沸。
3. 加入金针花与海带芽煮滚，加盐调味即可。

培根炒菠菜套餐

菠菜清炒是不错的做法，但是略显单调；加点肉就是
另一种风格了。因为培根里面本来有很多油，这道菜
不用另外放油，直接用培根炸出的油炒菜，让培根的
香味充分进入菠菜中。

○ 373千卡

蛋白质（克）	脂肪（克）
35.8	11.3
糖类（克）	纤维（克）
50.1	12.4

培根炒菠菜 328 千卡

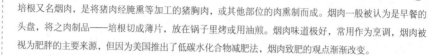

蛋白质（克）	脂肪（克）	糖类（克）	纤维（克）
2.2	0.5	8.0	3.6

材料：

菠菜…165 克
培根…200 克
蒜片…少许

调料：

盐…2 克
鸡粉…2 克
料酒…5 毫升
生抽…3 毫升
白胡椒粉…2 克
食用油…适量

做法：

1. 洗好的菠菜切成段。
2. 备好的培根切成段，待用。
3. 用油起锅，倒入蒜片，爆香。
4. 倒入切好的培根，翻炒片刻。
5. 加入料酒、生抽、白胡椒粉，翻炒均匀。
6. 放入菠菜段，快速翻炒至变软。
7. 放入盐、鸡粉，翻炒入味。
8. 关火后将炒好的菜盛出装入盘中即可。

Point

培根又名烟肉，是将猪肉经腌熏等加工的猪胸肉，或其他部位的肉熏制而成。烟肉一般被认为是早餐的头盘，将之肉制品——培根切成薄片，放在锅子里烤或用油煎。烟肉味道极好，常用作为烹调，烟肉被视为肥胖的主要来源，但因为美国推出了低碳水化合物减肥法，烟肉致肥的观点渐渐改变。

牛油果沙拉 45 千卡

蛋白质（克）	脂肪（克）	糖类（克）	纤维（克）
1.4	0.4	1.4	1.7

材料：

牛油果…300 克
西红柿…65 克
柠檬…60 克
青椒…35 克
红椒…40 克
洋葱…40 克
蒜末…少许

调料：

黑胡椒…2 克
橄榄油…适量
盐…适量

做法：

1. 洗净的青椒切开，去籽，切成条，再切丁。
2. 洗好的洋葱切成块。
3. 洗净的红椒切开，去籽，切成条，再切丁。
4. 洗净的西红柿切片，切条，改切丁。
5. 洗净的牛油果对半切开，去核，挖出瓤，留取牛油果盅备用，将瓤切碎。
6. 取一个碗，放入洋葱、牛油果、西红柿。
7. 再放入青椒、红椒、蒜末。
8. 加入盐、黑胡椒、橄榄油，搅拌均匀。
9. 将拌好的沙拉装入牛油果盅中。
10. 挤上少许柠檬汁即可。

Point

牛油果（鳄梨）：是一种营养价值很高的水果，含多种维生素、丰富的脂肪和蛋白质，钠、钾、镁、钙等含量也高。很多人觉得牛油果的脂肪含量高，牛油果的脂肪含量的确比一般水果高，但是所含脂肪为不饱和脂肪酸（胆固醇低），容易被人体吸收。

泡菜甘蓝拌饭套餐

325 千卡	
蛋白质（克）	脂肪（克）
24.8	12.0
糖类（克）	纤维（克）
37.1	22.6

泡菜属于高纤维、低热量的食物，有助于消化，减少脂肪累积，而且酸辣开胃、清爽可口、特别方便。在加班的深夜、肚饥的中午，做一碗拌饭，肚子饱饱，生活就快乐！

泡菜甘蓝拌饭 237 千卡

蛋白质（克）	脂肪（克）	糖类（克）	纤维（克）
2.2	0.5	8.0	3.6

材料：

米饭…180 克
泡菜…60 克
紫甘蓝…45 克
青椒…35 克
去皮胡萝卜…50 克
熟白芝麻…适量

调料：

盐…2 克
食用油…适量

做法：

1. 洗净的青椒切丝。
2. 洗好去皮的胡萝卜切丝。
3. 洗净的紫甘蓝切丝。
4. 泡菜切丝。
5. 用油起锅，倒入切好的紫甘蓝丝和胡萝卜丝，翻炒均匀。
6. 倒入切好的青椒丝。
7. 翻炒约 1 分钟至蔬菜断生。
8. 加入适量盐。
9. 炒匀调味。
10. 关火后将炒好的蔬菜装盘待用。
11. 取大碗，倒入米饭和炒好的蔬菜，拌匀。
12. 放入泡菜丝。
13. 将材料拌至均匀。
14. 加入适量盐和白芝麻。
15. 拌匀调味。
16. 将拌好的米饭装入碗中。
17. 撒上剩余白芝麻即可。

黄油南瓜浓汤 88 千卡

蛋白质（克）	脂肪（克）	糖类（克）	纤维（克）
1.4	0.4	1.4	1.7

材料：

白洋葱…60 克
去皮南瓜…115 克
黄油…30 克

调料：

盐…2 克

做法：

1. 洗净的白洋葱切丝。
2. 洗好去皮的南瓜切薄片。
3. 锅置火上，放入黄油，拌匀至微溶。
4. 倒入切好的洋葱丝，炒约 1 分钟至微软。
5. 放入切好的南瓜片。
6. 将食材翻炒片刻。
7. 注入适量清水，搅匀。
8. 加盖，用大火煮开后转小火续煮 30 分钟至食材熟软。
9. 揭盖，加入盐。
10. 搅匀调味。
11. 关火后盛出煮好的汤，装碗即可。

Point

南瓜热量低，且含有丰富的胡萝卜素和维生素B，有"蔬菜之王"的美称，也有降血糖和减肥的功效。黄油、牛奶中则蕴含钙质和蛋白质，能够降低人体内脂肪的合成。南瓜浓汤具有排毒、塑身的功效，同时能够补中益气、调理肠胃。

营养师的
美肤好气色小教室

瘦身时期最怕因为营养不均，造成面有菜色或皮肤黯沉。
如果你想要在瘦身时期也保持容光焕发，首先必须要有均衡的营养素，
再来就是要有充足的睡眠与适当的运动，并且避免抽烟喝酒，才能拥有苹果般的红润肤质。

维生素 B6

维生素 B6 与原血红素（Heme）的合成有关，主要存在于酵母、猪肉、鸡肉、鱼肉、糙米、土豆、蜂蜜中。缺乏维生素 B6 除了造成贫血外，还有可能会感觉到神经衰弱、嗜睡、注意力无法集中等精神症状。

维生素 B12

维生素 B12 与红血球的正常发育与成熟有关，且能让糖类、脂肪、蛋白质代谢正常，缺乏时会造成神经病变与恶性贫血。维生素 B12 主要是动物性食品含量较丰富，主要存在于蛋、起司、各种肉类及肝脏中，奶类内则含有少量，植物性食物中几乎没有维生素 B12，只有在紫菜或海藻类中含量较高，因此吃纯素食的人要小心维生素 B12 缺乏的可能。

胶原蛋白

要让皮肤保水 Q 弹，胶原蛋白功不可没。皮肤里的胶原蛋白主要存在于真皮层，在真皮层维持着健康皮肤应有的支撑力，再加上保水的作用，会使皮肤看起来光华饱满。胶原蛋白一般常见的是存在于猪皮、猪脚、鸡皮中，不过那些食材热量也较高，不适合于瘦身时期食用，因此我们可以摄取低热量又富含胶原蛋白的食材，如苹果、柑橘、海藻类、山药、黑白木耳、秋葵、山药等，这些食材都含有植物胶、果胶或植物黏液，可达到一样的效果，且低油又健康。

维生素 C

即使补充再多的氨基酸，如果没有足够的维生素 C，也无法顺利在体内形成胶原蛋白。因此维生素 C 对于体内胶原蛋白的修复及生成，也有举足轻重的辅助功效！而且维生素 C 有抗氧化的作用，可以让老化速度降低，也让皮肤更多了一层保护。维生素 C 主要存在水果类与蔬菜类当中，如木瓜、橘子、芭乐、柳橙、彩椒、青椒、西兰花、芥蓝菜等都是高维生素 C 的食物。

叶酸

叶酸与细胞染色体中 DNA、RNA 合成有密切的关系，且能促进骨髓中红细胞的成熟，从而避免贫血。在日常食物中，深黄色水果和蔬菜、豆类、核果类等，都可以摄取到叶酸。

铁质

铁质是红血球中血红素的成分之一，且铁质与能量供应也扮演很重要的角色，如果缺乏铁质会造成疲倦、晕眩、脸色苍白等现象。铁质主要存在于肝脏、贝类、牡蛎、瘦肉、干豆类、绿叶蔬菜、全谷类等。

Ch 9

改善水肿的
高钙降压套餐

450 千卡
限定

本章所介绍的套餐，着重在低钠高钙以帮助缓解水肿。且根据研究指出，低钠高钙饮食可降血压，对高血压或心脏病的患者都非常有益，高钙的食材还可预防骨质疏松，真是一举数得！

这样做更好！

主食类可尽量以薏仁饭为主，因为薏仁饭不仅含有丰富的蛋白质、维生素、钙、铁以外，还有利水的作用，适量食用可以帮助缓解水肿之苦。

日式起司鸡排套餐

	436 千卡	
蛋白质（克）		脂肪（克）
31.7		**8.2**
糖类（克）		纤维（克）
58.8		**12.2**

这份套餐的高钙来源是低脂起司，高脂起司一片热量约 150 千卡，若使用低脂起司就可以降到 45 ~ 50 千卡，搭配鸡排非常美味。

	蛋白质（克）	脂肪（克）	糖类（克）	纤维（克）
薏仁饭 100 克 **128 千卡**	1.6	0.4	29.5	0.4

	蛋白质（克）	脂肪（克）	糖类（克）	纤维（克）
日式起司鸡排 **184 千卡**	21.6	7.5	7.5	0.4

材料：

鸡腿…70 克
低脂起司…1 片
胡萝卜…40 克
面包粉…20 克
鸡蛋…1/2 颗
面粉…10 克

腌料：

酱油膏…1/2 茶匙
米酒…1/2 茶匙
蒜末…5 克

做法：

1. 面包粉放烤箱中用 120 度烤 5 分钟，稍微翻动再烤 5 分钟，让面包粉烤至微金黄色，取出备用。
2. 鸡腿去皮去骨，切成两片，加入酱油、米酒、蒜末抓腌 20 分钟。
3. 胡萝卜洗净切片，切成与鸡腿一样长度与大小，用滚水烫 2 分钟起锅放凉备用。
4. 把胡萝卜片放入腌好的鸡腿中，用鸡腿把胡萝卜夹起来。
5. 鸡腿排依序裹上薄薄一层的面粉 → 蛋液 → 面包粉，即可入烤箱 180 度烤 15 分钟至表面金黄，翻面再烤 8 分钟到双面金黄熟透即可。
6. 在鸡腿排上面放起司，对切后即可食用。

	蛋白质（克）	脂肪（克）	糖类（克）	纤维（克）
鲔鱼洋菜沙拉 **59 千卡**	4.3	0.2	10.0	4.8

材料：

水渍鲔鱼…10 克
洋菜（干燥）…3 克
洋葱…30 克
紫包菜…40 克
胡萝卜…30 克
西红柿…50 克
美生菜…50 克
日式和风酱…1 茶匙
白胡椒…少许

做法：

1. 洋菜用水泡软，沥干水分后切成 5 厘米长。
2. 洋葱、紫包菜、胡萝卜洗净切成丝，西红柿洗净去蒂切片，美生菜洗净撕成片状。
3. 所有蔬菜放入盘中，上面放上一汤匙鲔鱼片，淋上和风酱即可食用。

Point

洋菜就是俗称的"菜燕"，可说是台湾的"寒天"，当中的水溶性纤维可以增加饱足感，帮助你清理肠胃道，口感爽脆，用来凉拌非常好吃喔！

	蛋白质（克）	脂肪（克）	糖类（克）	纤维（克）
五香魔芋 **41 千卡**	2.2	0.0	8.0	3.6

材料：

魔芋…100 克
鸡骨高汤…1/2 碗
水…100 毫升

调味料：

酱油膏…1 汤匙
八角…1 块
辣椒…1/2 条

做法：

1. 魔芋切成块状余烫后备用，辣椒切片。
2. 锅中加入调味料、鸡骨高汤、水 100 毫升，煮滚后加入魔芋块。
3. 煮滚后，转小火炖煮 10 分钟即可。

	蛋白质（克）	脂肪（克）	糖类（克）	纤维（克）
翠衣萝卜汤 **24 千卡**	2.0	0.1	3.8	3.0

材料：

西瓜皮…100 克
排骨高汤…300 毫升
胡萝卜…20 克
姜…5 克
盐…1/8 茶匙

做法：

1. 西瓜果肉放冰箱保存，皮留下备用。
2. 将西瓜绿色硬皮层去除，取皮与肉交接的白色部位，切成块状。
3. 胡萝卜切成小块状，姜切细丝。
4. 将西瓜皮、胡萝卜等放入排骨高汤中煮滚后关火，放上姜丝小火焖煮 10 分钟，再以盐调味即可上桌。

鲜奶香草鱼卷套餐

一般餐馆所做的白酱就是所谓的奶油酱，通常会添加许多的奶油和高脂鲜奶。我们其实可以利用低脂奶取代奶油，不仅高钙，更可减少油脂摄取。搭配薏仁饭与冬瓜汤，还能达到利水的效用。

407 千卡

蛋白质（克）	脂肪（克）
27.1	10.4
糖类（克）	纤维（克）
51.0	9.2

		蛋白质（克）	脂肪（克）	糖类（克）	纤维（克）
薏仁饭 100 克	**128 千卡**	1.6	0.4	29.5	0.4

		蛋白质（克）	脂肪（克）	糖类（克）	纤维（克）
鲜奶香草鱼卷	**132 千卡**	15.1	4.2	8.5	1.5

材料：

去骨鲈鱼…70 克
洋葱…20 克
米酒…1/4 茶匙
蒜末…20 克
意大利香料…1/8 茶匙
面包粉…适量
低脂鲜乳…50 毫升
盐…1/8 茶匙

做法：

1. 蒜末 10 克和意大利香料、面包粉一起用平底锅炒香（不用加油，用半烘烤的方式）。
2. 鲈鱼片沾做法 1 卷起来，放入 350 度烤箱烤 15 分钟即可。
3. 将洋葱洗净切丁备用。
4. 锅中加 1 大匙水，将洋葱、蒜末 10 克、盐炒香，加米酒炒至干燥，再加低脂鲜奶煮至浓稠状即为酱汁。
5. 鱼卷取出后，淋上酱汁即可食用。

		蛋白质（克）	脂肪（克）	糖类（克）	纤维（克）
蛋香韭菜花	**101 千卡**	8.0	5.3	5.2	3.3

材料：

鸡蛋…1 颗
韭菜花…100 克
油…1/4 茶匙
盐…1/8 茶匙

做法：

1. 热锅后放入韭菜花，加一点水拌炒一下起锅。
2. 炒锅内放入 1/4 茶匙油，将打散的蛋下锅翻炒。
3. 再加入韭菜花和蛋一起翻炒至熟，用盐调味即可。

		蛋白质（克）	脂肪（克）	糖类（克）	纤维（克）
紫甘蓝泡菜	**25 千卡**	1.2	0.3	4.4	1.8

材料：

紫甘蓝…100 克

调味料：

白醋…1 汤匙
糖…1/2 茶匙
盐…1 汤匙

做法：

1. 紫甘蓝洗净切丝，加 1 汤匙盐抓腌，静置 10 分钟出水后，用开水把盐洗去。
2. 取一小罐子，把紫包菜丝、白醋、糖放入，拌匀后冰冷藏。
3. 冰箱冷藏保存约 2 小时后即可食用。

		蛋白质（克）	脂肪（克）	糖类（克）	纤维（克）
香菇冬瓜汤	**21 千卡**	1.3	0.2	3.4	2.2

材料：

鲜香菇…30 克
冬瓜…50 克
水…1 碗
姜丝…5 克
盐…1/8 茶匙

做法：

1. 鲜香菇洗净切块；冬瓜洗净去皮切块。
2. 热锅，放入冬瓜、鲜香菇与水，盖上锅盖炖煮 5 ~ 6 分钟，最后加入姜丝与少许盐再煮 2 分钟即可。

鸡肉丸子豆奶锅套餐

豆浆中含有丰富的植物性蛋白质、大豆异黄酮、卵磷脂，且不含胆固醇，能防止心血管疾病并增强免疫力。除了日常饮用，我们也利用豆浆来入菜，搭配包菜等高钙蔬菜，在预防骨质疏松症上更有加成的效果。

	450 千卡	
蛋白质（克）		脂肪（克）
28.3		16.5
糖类（克）		纤维（克）
51.5		11.4

薏仁饭 100 克　128 千卡

蛋白质（克）	脂肪（克）	糖类（克）	纤维（克）
1.6	0.4	29.5	0.4

鸡肉丸子豆奶锅　208 千卡

蛋白质（克）	脂肪（克）	糖类（克）	纤维（克）
17.1	10.1	12.3	6.5

材料：

鸡胸肉…70 克
葱末…1/2 茶匙
红曲…1/4 茶匙
鲜香菇…70 克
胡萝卜…40 克
白萝卜…50 克
大白菜…50 克
茼蒿…50 克
无糖豆浆…300 毫升
盐…1/8 茶匙
酱油…1/4 茶匙

做法：

1. 鸡胸肉、葱末、红曲一起放入食物调理机（或果汁机）中绞打成鸡肉浆备用。
2. 红、白萝卜去皮后切成块状，香菇切块状，大白菜洗净切成片状。
3. 取一锅，倒入豆浆与白萝卜煮至沸腾后，转小火加盐、酱油调味。
4. 再放入胡萝卜、大白菜、香菇煮沸后，把鸡肉浆用汤匙拨成小圆球状放入汤中，待鸡肉丸子浮起后，再加入茼蒿煮滚即可食用。

包菜厚蛋烧　80 千卡

蛋白质（克）	脂肪（克）	糖类（克）	纤维（克）
8.2	5.3	4.4	1.8

材料：

鸡蛋…1 颗
包菜…100 克
盐…1/8 茶匙
油…1/4 茶匙

做法：

1. 包菜洗净切成丝备用
2. 鸡蛋打匀，放入包菜一起搅拌均匀。
3. 热锅，倒入 1/4 茶匙油，把蛋液倒入锅中成一圆形，待底面熟后翻面续煎，至两面呈现金黄色即可起锅。

Point

利用包菜让煎蛋的体积变大，视觉上会觉得很丰富，但是热量却很少。

茭白笋酸奶沙拉　34 千卡

蛋白质（克）	脂肪（克）	糖类（克）	纤维（克）
1.5	0.7	5.3	2.7

材料：

茭白笋…100 克

酸奶酱：

蜂蜜…1/4 茶匙
酸奶…10 毫升
柠檬汁…5 毫升

做法：

1. 茭白笋洗净斜切成滚刀块，烫熟放凉备用。
2. 蜂蜜、酸奶、柠檬汁拌匀后即可淋在茭白笋上。

牛奶海鲜乌龙面 315 千卡

蛋白质（克）	脂肪（克）	糖类（克）	纤维（克）
21.5	10.8	33.0	1.8

Point

乌龙面也可换成拉面，一样很美味喔！

材料：

熟乌龙面… 120 克
草虾… 2 只
墨鱼… 20 克
旗鱼… 30 克
蛋… 1 颗
洋葱… 30 克
胡萝卜… 30 克

鸿喜菇… 30 克
魔芋丝… 30 克
昆布高汤… 200 毫升
低脂鲜奶… 50 毫升

调味料：

白胡椒粉… 少许
盐… 1/8 茶匙

做法：

1. 草虾洗净剪须备用，墨鱼切片，旗鱼切块。

2. 胡萝卜切片，洋葱切丝，鸿喜菇去蒂后用手剥成小株备用。

3. 锅中放入水1大匙，把洋葱放入拌炒，再倒入昆布高汤、水100毫升、低脂鲜奶，再把所有蔬菜与海鲜食材放入煮熟，加入调味料调味后放入烫熟的乌龙面，打入一颗鸡蛋煮熟即可食用。

牛奶海鲜乌龙面套餐

440 千卡

蛋白质（克）	脂肪（克）
32.8	14.8
糖类（克）	纤维（克）
44.0	5.7

以牛奶与昆布高汤所煮出的汤头非常香浓滑顺，而且没有油腻的口感，再搭配香烤豆腐比萨，让这个套餐的钙质比例大幅提高。

香烤豆腐比萨　100 千卡

蛋白质（克）	脂肪（克）	糖类（克）	纤维（克）
9.2	3.8	7.2	0.9

材料：
板豆腐…100 克
起司丝…1 汤匙
青椒…10 克

酱汁：
番茄酱…1 茶匙
洋葱末…20 克

做法：

1. 板豆腐用厨房纸巾包好，压重物15分钟让水分释出，擦干水分后切成片状，放入烤箱中以180度烤3～5分钟。
2. 热锅，放入洋葱末及番茄酱、水10毫升煮至沸腾即成酱汁。
3. 青椒切成小丁状备用。
4. 酱汁涂在豆腐上，洒上青椒丁，放上起司丝再进入烤箱中续烤至起司软化即可食用。

柴鱼纤笋　25 千卡

蛋白质（克）	脂肪（克）	糖类（克）	纤维（克）
2.1	0.2	3.8	3.0

材料：
竹笋…80 克

酱汁：
柴鱼片…5 克
酱油膏…1/4 茶匙
米酒…1/4 茶匙
水…2 汤匙

做法：

1. 竹笋洗净切片备用。
2. 把酱汁材料与竹笋一起放入锅中煮沸后，以小火焖煮2分钟即可盛盘。

Point

竹笋具有低脂、高纤、低热量的特点，能促进肠道蠕动，帮助消化，还能吸收油脂，降低胆固醇，预防大肠癌和直肠癌。

Ch. 9

大头菜汤 23 千卡

蛋白质（克）	脂肪（克）	糖类（克）	纤维（克）
0.8	0.2	4.5	1.9

材料：

大头菜（芜菁）…80 克
排骨高汤…200 毫升
胡萝卜…20 克
香菜…少许
盐…1/8 茶匙

做法：

1. 大头菜、胡萝卜去皮洗净，切成小块。
2. 锅中放入排骨高汤加 100 毫升的水煮沸，再加入大头菜煮至熟透后用盐调味，即可盛碗，撒上香菜增加香味。

鱼盖豆腐 145 千卡

蛋白质（克）	脂肪（克）	糖类（克）	纤维（克）
18.4	5.1	6.3	0.9

材料：

鲷鱼片…50 克
豆腐…100 克
蒜苗…10 克
胡萝卜…10 克
姜…10 克

酱汁：

蚝油…1/4 茶匙
米酒…1/4 茶匙
糖…1/4 茶匙
水…1 茶匙

做法：

1. 鲷鱼片用 1/2 茶匙米酒腌 1 分钟。
2. 蒜苗、胡萝卜、姜洗净后 成丝。
3. 将豆腐切片后，摆在蒸盘上 再放上鱼片、蒜苗、胡萝卜 姜丝，最后将酱汁材料拌 淋上。
4. 放入电锅中蒸 15 分钟至熟 可。

146

鱼盖豆腐套餐

428 千卡

蛋白质（克）	脂肪（克）
33.0	10.5
糖类（克）	纤维（克）
50.4	8.1

豆腐吃起来较清淡无味，因此可利用鱼片与豆腐搭配，让蒸鱼鲜甜的汤汁被豆腐吸收，且步骤非常简单方便，只要放入电锅就可以完成！

白米饭 100 克　138 千卡

蛋白质（克）	脂肪（克）	糖类（克）	纤维（克）
2.8	0.2	31.1	0.2

芥蓝咖哩肉丝　93 千卡

蛋白质（克）	脂肪（克）	糖类（克）	纤维（克）
9.2	3.5	6.2	3.6

材料：
猪肉丝… 35 克
芥蓝菜… 100 克
蒜头… 5 克
咖哩粉… 1/4 茶匙
沙茶酱… 1/4 茶匙
酱油… 1/4 茶匙

做法：
1. 芥蓝菜洗净切段，蒜头切末备用。
2. 锅中放入蒜头、沙茶酱小火拌炒一下，利用沙茶酱里的油爆香蒜头，再放入肉丝，炒到肉丝变色后，再放入芥蓝菜，洒上 1 大匙水，再加入咖哩粉、酱油炒熟即可。

开阳白菜　29 千卡

蛋白质（克）	脂肪（克）	糖类（克）	纤维（克）
1.8	1.5	2.3	1.5

材料：
大白菜… 100 克
新鲜黑木耳… 10 克
蒜头… 5 克
虾米… 1/2 茶匙
鸡骨高汤… 100 毫升
盐… 1/8 茶匙

做法：
1. 大白菜洗净切片，黑木耳洗净切丝，蒜头切成末，虾米泡水备用。
2. 热锅，倒入 1/4 茶匙油，放入虾米、蒜末爆香，放入大白菜与黑木耳炒到八分熟，再倒入鸡骨高汤炖煮 10 分钟，加盐调味即可起锅。

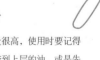

Point

沙茶酱热量很高，使用时要记得尽量不要捞到上层的油，或是先倒掉油再捞底下的沙茶，就可以减少油脂摄取量。

辣炒腰果鸡丁 175 千卡

蛋白质（克）	脂肪（克）	糖类（克）	纤维（克）
14.0	11.0	5.0	3.6

材料：
鸡丁…70克
青椒…50克
红椒…50克
腰果…5颗
蒜末…10克
辣椒…1根

调味料：
盐…1/8茶匙
酱油膏…1/4茶匙
米酒…1/4茶匙
白胡椒…1/8茶匙

做法：
1. 将青椒、红椒洗净后切成丁，辣椒切片。
2. 热锅，放入1汤匙鸡骨高汤，再放入蒜末、辣椒爆香。
3. 加入鸡丁拌炒，炒至半熟后加入青、红椒，再加入调味料续炒至全熟，最后放入腰果稍微翻炒即可起锅。

香卤萝卜块 23 千卡

蛋白质（克）	脂肪（克）	糖类（克）	纤维（克）
0.8	0.2	4.5	1.9

材料：
白萝卜…90克
胡萝卜…10克
姜…5克

酱汁：
昆布高汤…100毫升
冰糖…1/4茶匙
酱油…1/2茶匙
八角…1小颗

做法：
1. 白萝卜、胡萝卜洗净，去皮切块备用。
2. 热锅倒入高汤烧热，放入姜片与所有酱汁材料大火煮滚，最后放入白、胡萝卜块续煮至再次滚开。
3. 将食材用小火炖煮约10分钟，熄火焖10分钟即可盛盘。

辣炒腰果鸡丁套餐

432 千卡

蛋白质（克）	脂肪（克）
27.8	15.1
糖类（克）	纤维（克）
46.1	9.6

腰果除了富含维生素 A、B 群及钙、镁，还有亚麻油酸这种不饱和油脂，对于预防心血管疾病、动脉硬化、中风等都有益处。烹调过程不要加油，以坚果这类优质的脂肪代替，不但可摄取更好的营养素，也能增强代谢率。

薏仁饭 100 克　128 千卡

蛋白质（克）	脂肪（克）	糖类（克）	纤维（克）
1.6	0.4	29.5	0.4

番茄炒牛肉　82 千卡

蛋白质（克）	脂肪（克）	糖类（克）	纤维（克）
7.9	3.2	5.5	1.8

材料：
瘦牛肉片… 35 克
西红柿… 100 克
姜… 5 克
大蒜… 5 克
蒜苗… 10 克
排骨高汤… 1 汤匙

调味料：
番茄酱… 1 茶匙
酱油… 1/4 茶匙
米酒… 1/2 茶匙
水… 1 汤匙

做法：
1. 西红柿洗净去蒂，切块备用，姜切丝，蒜头切末，蒜苗切段备用。
2. 牛肉片用调味料抓腌 10 分钟。
3. 热锅，加入排骨高汤 1 汤匙，把姜、蒜、蒜苗爆香，放入西红柿翻炒 30 秒钟后加入牛肉片，拌炒至熟即可。

黄豆芽排骨汤　24 千卡

蛋白质（克）	脂肪（克）	糖类（克）	纤维（克）
3.6	0.4	1.7	1.9

材料：
黄豆芽… 50 克
水… 300 毫升
盐… 1/8 茶匙
姜片… 5 克
香菜… 少许

做法：
1. 黄豆芽洗净备用。
2. 锅中放入水 300 毫升煮沸，再加入黄豆芽、姜片与盐煮滚后，转小火焖煮 10 分钟即可起锅，撒上香菜更添风味。

Point

黄豆芽含有丰富 B 族维生素、C、E 及膳食纤维，是营养价值极高的一种蔬菜，热量低又高营养！煮成的汤头非常鲜甜美味。

姜汁烧肉定食

447 千卡

蛋白质（克）	脂肪（克）
33.2	**9.3**
糖类（克）	纤维（克）
57.4	**10.2**

姜汁烧肉是一道常见的日式料理，但是往往过咸而且
热量偏高。我们可选择低脂的肉片，并利用洋葱鲜甜
的口感与肉片一起拌炒，就算少盐清淡也可吃出美味
可口，再附上包菜丝更有解腻爽脆的口感。

白米饭 100 克 138 千卡	蛋白质（克）	脂肪（克）	糖类（克）	纤维（克）
	2.8	0.2	31.1	0.2

姜汁烧肉 153 千卡	蛋白质（克）	脂肪（克）	糖类（克）	纤维（克）
	15.6	4.9	11.5	2.5

材料：

瘦猪肉片… 70 克
洋葱… 20 克
包菜… 60 克
胡萝卜… 20 克

调味料：

姜泥… 1/2 茶匙
酱油… 1/2 茶匙
米酒… 1/4 茶匙

做法：

1. 洋葱、包菜、胡萝卜洗净切丝，包菜丝与胡萝卜丝泡冷水后盛盘。
2. 猪肉片与调味料拌匀，放置 5 分钟入味备用。
3. 热锅，倒 1/4 茶匙油，放入洋葱丝炒至熟，加入猪肉片续炒均匀即可起锅，放在包菜丝旁，猪肉片与包菜丝搭配着吃非常清爽。

木耳炒鲜虾 86 千卡	蛋白质（克）	脂肪（克）	糖类（克）	纤维（克）
	8.0	3.8	5.0	2.4

材料：

草虾… 3 尾
黑木耳… 50 克
魔芋… 50 克
姜丝… 10 克
辣椒片… 1/4 茶匙
盐… 1/8 茶匙

做法：

1. 草虾去壳备用，黑木耳洗净去蒂切成条状，魔芋切条状氽烫备用。
2. 热锅，倒入 1/4 茶匙的油，放下姜丝与辣椒片爆香，放入黑木耳、魔芋拌炒均匀，最后再放入虾仁炒熟，加盐调味即可。

芝麻秋葵 45 千卡	蛋白质（克）	脂肪（克）	糖类（克）	纤维（克）
	2.4	0.2	8.3	5.1

材料：

秋葵… 100 克

酱汁：

酱油… 1 茶匙
昆布高汤… 1/2 茶匙
白芝麻… 1/8 茶匙

做法：

1. 秋葵洗净后整株入滚水烫熟，起锅后放入冷水中漂凉，切成星状，装盘备用。
2. 将酱油与昆布高汤拌均匀后，倒在放凉的秋葵上，再撒上白芝麻即可。

Point

秋葵的钙、镁等矿物质含量丰富，且有植物黏液可以保护胃壁，清烫后沾少许的酱汁风味独特，是最适合秋葵的一种烹调方法。

蒜头蛤蜊鸡汤 25 千卡	蛋白质（克）	脂肪（克）	糖类（克）	纤维（克）
	4.4	0.2	1.5	0.1

材料：

蛤蜊… 60 克（带壳约 3 颗）
蒜头… 3 颗
鸡骨高汤… 1 碗
盐… 1/8 茶匙

做法：

1. 蒜头洗净去皮后，放入锅中，加上鸡骨高汤 1 碗、水 1 碗以电锅炖煮 20 分钟。
2. 把炖好的蒜头鸡汤移到煤气灶上，加入蛤蜊煮熟，加盐调味后即可盛碗。

蒜香小黄瓜 26 千卡

蛋白质（克）	脂肪（克）	糖类（克）	纤维（克）
1.8	0.5	3.8	2.1

材料：

小黄瓜…150 克
蒜末…10 克

调味料：

酱油膏…1/2 茶匙
香油…少许

做法：

1. 小黄瓜洗净切段，稍微用刀背拍打一下，将小黄瓜剖成两半。

2. 蒜末、酱油膏与小黄瓜拌匀，腌渍15分钟入味，撒上香油少许即可。

柠檬清蒸鳕鱼 153 千卡

蛋白质（克）	脂肪（克）	糖类（克）	纤维（克）
11.5	7.9	9.0	2.1

材料：

鳕鱼…270 克
洋葱…40 克
柠檬…30 克
朝天椒…25 克
香菜段
蒜末…少许

酱汁：

盐…3 克
白胡椒粉…少许
蚝油…适量
生抽…4 毫升

做法：

1. 洗净的洋葱切丝，朝天椒切圈。

2. 把朝天椒装在小碗中，撒上蒜末，注入适量清水，加入蚝油、盐、白胡椒粉，拌匀。

3. 挤入柠檬汁，调匀，制成味汁，待用。

4. 锅置旺火上，倒入调好的味汁，大火煮沸，至食材断生。

5. 备好电蒸笼，烧开后放入洗净的鳕鱼肉，蒸约10分钟，至食材熟透。

6. 断电后揭盖，取出蒸好的菜肴。

7. 趁热后撒上洋葱丝，倒入煮好的辣味料，最后装饰上香菜段即成。

柠檬清蒸鳕鱼饭

鳕鱼为深海鱼，含有 ω-3 脂肪酸（如 DHA、EPA），ω-3 脂肪酸与脑神经发育有关，且可降低心血管疾病的发生率；鳕鱼也含有维生素 D，可帮助人体有效地利用钙质，搭配柠檬中的维生素 C，更能加强人体对钙质的吸收。

436 千卡

蛋白质（克）	脂肪（克）
24.9	16.7
糖类（克）	纤维（克）
46.6	6.3

薏仁饭 100 克　128 千卡

蛋白质（克）	脂肪（克）	糖类（克）	纤维（克）
1.6	0.4	29.5	0.4

九层塔西红柿蛋包　101 千卡

蛋白质（克）	脂肪（克）	糖类（克）	纤维（克）
7.5	6.4	3.3	1.1

材料：
鸡蛋…1 颗
西红柿…50 克
九层塔…10 克
黑胡椒粒…1/8 茶匙
盐…1/8 茶匙

做法：
1. 西红柿洗净切小丁，九层塔切成末。
2. 鸡蛋打成蛋液，加盐、黑胡椒调味，加入番茄与九层塔搅拌均匀。
3. 热锅后加入 1/4 茶匙油，倒入蛋液成一圆形，煎至底面成形即可翻面续煎。
4. 待煎蛋熟后铲起，切成食用大小即可。

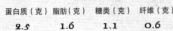

小白菜豆腐汤　28 千卡

蛋白质（克）	脂肪（克）	糖类（克）	纤维（克）
2.5	1.6	1.1	0.6

材料：
小白菜…50 克
豆腐…50 克
姜…5 克
排骨高汤…100 毫升
盐…1/8 茶匙

做法：
1. 白菜洗净切成 3 厘米长段，姜切丝，豆腐切小块备用。
2. 锅中放入 1 碗水，加入排骨高汤煮沸后放入豆腐，等水滚再放入小白菜，加盐调味后即可起锅。

香草鸡腿意大利面

一般餐馆的白酱意大利面因为加了大量奶油而非常油腻，其实我们只要善用炙烤和水炒的技巧，也可以轻松做出美味又低卡的白酱意大利面。

430 千卡

蛋白质（克）	脂肪（克）
37.0	6.8
糖类（克）	纤维（克）
65.0	11.2

香草鸡腿意大利面 312 千卡

蛋白质（克）	脂肪（克）	糖类（克）	纤维（克）
18.5	5.5	47.0	4.4

材料：
意大利面… 40 克（干重）
鸡腿肉… 70 克（去皮去骨）
洋葱… 30 克
胡萝卜… 20 克
芦笋… 50 克

腌料：
意大利香料… 1/2 茶匙
酱油… 1 汤匙
糖… 1/2 茶匙

调味料：
盐… 1/8 茶匙
低脂鲜奶… 150 毫升

做法：
1. 鸡腿去骨去皮，放入腌料中拌匀后，腌20分钟以上，放入烤箱中烤20分钟，烤熟后切成长块状备用。
2. 煮一锅水，放入意大利面，煮熟后取出备用。
3. 洋葱、胡萝卜洗净切成小丁，芦笋洗净切成长段备用。
4. 锅中加入1汤匙水，放入洋葱、胡萝卜下锅炒至软熟后，加入低脂鲜奶、盐与芦笋煮滚后，再加入意大利面拌匀即可起锅盛盘。
5. 把切好的鸡腿排放在面上即完成。

黑椒章鱼佐番茄 63 千卡

蛋白质（克）	脂肪（克）	糖类（克）	纤维（克）
13.9	0.8	9.9	1.9

材料：
章鱼… 100 克
巴西里… 少许

酱汁：
西红柿… 60 克
洋葱… 40 克
黑胡椒粒… 1/8 茶匙
蒜泥… 1/4 茶匙
盐… 1/8 茶匙

做法：
1. 章鱼切片烫熟备用。
2. 西红柿、洋葱皆切成末，跟其他的酱汁材料拌匀，加入1汤匙水，放到锅中煮至沸腾即可淋在章鱼上，再撒上少许切碎的巴西里即可食用。

Point

章鱼含大量的蛋白质与钙质，不但低脂，还含有理想比例的多元不饱合脂肪酸和牛磺酸，可增加人体好的胆固醇，对于血脂过高的人是很好的蛋白质选择。

梅子青花沙拉 30 千卡

蛋白质（克）	脂肪（克）	糖类（克）	纤维（克）
3.4	0.2	3.7	3.1

材料：
西兰花… 80 克
昆布高汤… 1 汤匙
梅子肉… 1/2 茶匙
酱油… 1/2 茶匙

做法：
1. 西兰花仔细洗净，切成小株；用加了少许盐的沸水烫熟后，起锅放入冷水中备用。
2. 将昆布高汤、酱油与梅子肉搅拌均匀，即可淋在西兰花上。

包菜排骨汤 25 千卡

蛋白质（克）	脂肪（克）	糖类（克）	纤维（克）
1.2	0.3	4.4	1.8

材料：
包菜… 100 克
排骨高汤… 1/2 碗
胡萝卜… 10 克
盐… 1/8 茶匙

做法：
1. 包菜仔细洗净切成片；胡萝卜切成丝。
2. 锅中放入1碗水，加入排骨高汤煮沸，再加入胡萝卜丝和包菜煮至熟后，加入盐调味即可。

寒天百汇汉堡排套餐

401 千卡

蛋白质（克）	脂肪（克）
27、8	**10.0**
糖类（克）	纤维（克）
49.7	**10.0**

利用豆腐取代部分猪肉，不仅增加钙质、减少热量，且豆腐会让汉堡排口感更加软嫩多汁；加入许多蔬菜，除了增加纤维质，汉堡排的分量也会更大，视觉与味觉都得到了享受。

薏仁饭 100 克　　128 千卡

蛋白质（克）	脂肪（克）	糖类（克）	纤维（克）
1.6	0.4	29.5	0.4

寒天百汇汉堡排　　150 千卡

蛋白质（克）	脂肪（克）	糖类（克）	纤维（克）
14.0	6.0	10.0	1.4

材料：

豆腐…240 克
肉末…150 克
胡萝卜丁…35 克
洋葱末…25 克

调味料：

盐…2 克
鸡粉…2 克
食用油…适量

做法：

1. 洗净的豆腐倒入碗中，搅碎；倒入备好的肉末、胡萝卜丁和洋葱末。
2. 加入盐、鸡粉，撒上胡椒粉，快速拌匀，制成豆腐泥，待用。
3. 烤盘中铺好锡纸，刷上底油，放入豆腐泥，铺好、压平，呈汉堡的形状。
4. 再推入预热的烤箱中。
5. 关紧箱门，调温度为200摄氏度，选择"炉灯＋热风"和"双管发热"图标，烤约 15 分钟，至食材熟透。
6. 断电后打开箱门，取出烤盘，稍微冷却后将烤熟的汉堡摆放在盘中即可。

笋块炒豆干　　67 千卡

蛋白质（克）	脂肪（克）	糖类（克）	纤维（克）
9.1	1.7	3.8	4.0

材料：

豆干丁… 45 克
竹笋… 70 克
胡萝卜… 20 克
青豆仁… 10 克
姜… 5 克
酱油… 1/4 茶匙
糖… 1/8 茶匙

做法：

1. 竹笋、胡萝卜切成小丁状，姜切成末。
2. 热锅，加一匙油，放入姜末爆香，再放入豆干丁、笋块、胡萝卜丁与青豆仁翻炒一下，加水 10 毫升，放入酱油、糖，用小火煮至水分收干即可起锅。

Point

豆干是所有豆制品中钙含量最高的，且含有卵磷脂，有降低血脂的功效。但瘦身的人仍需注意控制分量，适量摄取即可。

枸杞丝瓜　　31 千卡

蛋白质（克）	脂肪（克）	糖类（克）	纤维（克）
1.0	1.5	3.4	1.0

材料：

丝瓜… 100 克
枸杞… 1/8 茶匙
鸡骨高汤… 2 汤匙
姜… 5 克
盐… 1/8 茶匙

做法：

1. 丝瓜洗净切成长条状，姜切成丝，枸杞泡水备用。
2. 热锅，倒入 1/4 茶匙油，放姜丝爆香，放入丝瓜翻炒一下，加入 2 汤匙鸡骨高汤，撒上枸杞，以小火焖煮 5 ~ 8 分钟，加盐调味即可上桌。

姜丝菠菜汤　　25 千卡

蛋白质（克）	脂肪（克）	糖类（克）	纤维（克）
2.1	0.5	3.0	3.2

材料：

菠菜… 100 克
鸡骨高汤… 1/2 碗
姜… 5 克
盐… 1/8 茶匙

做法：

1. 菠菜洗净后切成小段；姜切成丝。
2. 锅中放入 1 碗水，加鸡骨高汤煮沸，再加入姜丝与菠菜煮至熟后，加盐调味即可。

营养师的
降压消水肿小教室

水肿是许多人的困扰，常有人一觉醒来发现眼睛浮肿，怎么上妆也掩饰不了，还有人工作了一天，到傍晚发觉鞋子怎么变小了，脚觉得很紧绷，其实这都是因为水分代谢不掉所造成的。到底为什么会水肿呢？
水肿是指血管外的组织间隙中有过多的体液堆积，依照水肿的严重性分成以下四级：

水肿程度	状况	可能原因
第一级水肿 （下肢水肿）	皮肤软软的，按压皮肤仍会快速弹回。	水肿的频率不高，大约一周小于三次以下，可能某餐摄取过多的钠，造成暂时的水分滞留现象，只要少盐饮食就可以恢复正常。
第二级水肿 （下肢水肿）	皮肤稍微紧绷，按压皮肤凹陷约0.5厘米，大约10～20秒可弹回。	每到下午下肢就会出现水肿现象，通常是因为久坐或久站、代谢不好、静脉曲张者。
第三级水肿 （脸、手、 下肢水肿）	外观已看得出肿胀，按压皮肤可凹陷0.5厘米以上，皮肤会凹陷大约1分钟才会回复。	代谢差造成水肿频率频繁，且不仅出现在下肢，连脸、手臂也都出现水肿现象。这类的人饮食大多较重口味，甚至有肥胖、脂肪肝、尿蛋白、心脏等疾病。
第四级水肿 （全身水肿）	外观肿胀非常明显，按压皮肤凹陷可达1厘米甚至更深，可能久久不回弹。	肝脏、肾脏、心脏已出现状况，造成无法代谢水分，且身体毒素无法排除。

我们该如何利用饮食缓解水肿呢？容易水肿体质的人除了饮食要清淡低盐以外，富含钙质的食材也要多加摄取，并且摄取足够且优质的蛋白质，身体代谢才会正常。

Ch 10

瘦身时也
不能放弃的
人气特餐 & 点心

点心—— 100 卡限定

甜点制作过程中通常会加入许多糖、奶油等食材，然而当我们减少糖量或奶油后，有些甜点就变得不好吃。其实我们可以利用当季水果特有的甜味与香气，再搭配低脂乳制品与洋菜等，就能做出健康又不减风味的甜点喔！

人气特餐—— 350 卡限定

当我们没有时间煮出两三道菜当配菜，我们也可以利用适量主食搭配高纤维主菜的方式，一次补足分量，增加了蔬菜的量，不仅有饱足感，矿物质与维生素也都补充到了！再搭配个水果，一餐热量就足够啰！

紫苏青梅姜茶

青梅含有蛋白质、碳水化合物和多种矿物质、有机酸，具有生津解渴、刺激食欲、消除疲劳等功效。

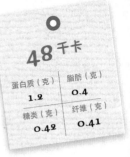

48千卡

蛋白质（克）	脂肪（克）
1.2	0.4
糖类（克）	纤维（克）
0.42	0.41

Ch. 10

材料：
紫苏叶…20克
青梅…1颗
绿茶…100毫升
姜片…20克

做法：

1. 洗净的青梅切取果肉，去核。
2. 洗净的紫苏叶切块。
3. 洗净的姜片切粒。
4. 绿茶过滤出茶水，待用。
5. 将姜粒倒入榨汁机中。
6. 放入紫苏叶块。
7. 放入青梅肉。
8. 倒入绿茶水。
9. 盖上盖，启动榨汁机，榨约20秒成果茶。
10. 断电后揭开盖，将果茶倒入杯中即可。

缤纷纤果冻

草莓营养丰富，富含多种对人体有益的成分。比如，其果肉中含有大量的糖类、蛋白质、有机酸、果胶等营养物质。此外，草莓所含有的丰富的维生素、矿物质和部分微量元素也是人体生长发育所必需的。

O

72千卡

蛋白质（克）	脂肪（克）
0.9	0.2
糖类（克）	纤维（克）
16.6	1.9

材料：
菠萝…40克
葡萄柚…50克
草莓…50克
洋菜…5克
砂糖…1茶匙

1. 菠萝、草莓切成小块，葡萄柚取出果肉切成小块。
2. 取一小锅，加入水500毫升，放入洋菜，开小火边煮边搅拌至洋菜融化。
3. 关火，加入砂糖搅拌至砂糖溶化，让洋菜胶稍微降温至有点黏稠状。
4. 取一容器，放入水果后，倒入洋菜胶，放进冰箱凝固。
5. 果冻凝固后，取出切成适当的大小即可。

西瓜冰棒

西瓜含有葡萄糖、苹果酸、果糖、番茄红素、维生素C 等营养成分，具有清热解暑、生津止渴、利尿除烦等功效。

72千卡	
蛋白质（克）	脂肪（克）
1.88	0.6
糖类（克）	纤维（克）
17.6	0.6

此作法为 3 人份方便制作的大小

材料：
西瓜…600 克
蜂蜜…20 克

工具：
冰棒模具…1 套

ch.10

做法：

1. 榨汁机装上搅拌刀座，放入切好的西瓜块。
2. 盖上盖，启动榨汁机，榨约 20 秒成西瓜汁。
3. 将西瓜汁倒入备好的小碗中。
4. 加入蜂蜜。
5. 搅拌均匀，制成冰棒汁。
6. 备好冰棒模具，取出冰棒棍，倒入冰棒汁至九分满。
7. 插入冰棒棍，
8. 放入冰箱冷冻 6 小时至成形。
9. 取出冻好的冰棒盒，拔出冰棒，即可食用。

木瓜西米甜品

蛋黄含有蛋白质、脂溶性维生素、不饱和脂肪酸、B族维生素、磷、铁等营养素，具有保护眼睛、健脑益智等功效。

○ 82千卡	
蛋白质（克）	脂肪（克）
1.5	1.1
糖类（克）	纤维（克）
10.5	1.2

材料：
木瓜…50 克
牛奶…30 毫升
西米…40 克

调味料：
白糖…适量

做法：

1. 洗净去皮的木瓜切成厚片，再切成丁。

2. 锅中注入适量清水烧开，倒入西米、冰糖。

3. 搅拌片刻，盖上锅盖，用小火煮 5 分钟至西米呈半透明状。

4. 揭开锅盖，倒入切好的木瓜。

5. 把牛奶倒入锅中，搅拌片刻使其味道均匀。

6. 盖上锅盖，用小火再煮 5 分钟。

7. 揭开盖子，稍微搅拌一会儿。

8. 将煮好的西米汤盛出，装入碗中即可。

水果牛奶冰棒

西瓜、橙子、芒果这三种水果营养丰富，都含有较多的维生素 C，对增强免疫力有很好的作用，西瓜还能利尿排毒，美容效果特佳。水果的酸甜配上牛奶的香醇，这款冰棒一定没有人不喜欢！

○ 82千卡	
蛋白质（克）	脂肪（克）
1.5	1.2
糖类（克）	纤维（克）
9.6	0.32

此作法为 3 人份方便制作的大小

材料：
橙子丁…60 克
牛奶…250 毫升
西瓜丁…100 克
芒果丁…40 克

工具：
冰棒模具…1 套

做法：
1. 取出冰棒模具，每个格子中放入适量芒果丁。
2. 接着放入西瓜丁。
3. 再放入橙子丁。
4. 最后淋上牛奶至九分满。
5. 插入冰棒棍，放入冰箱冷冻 6 小时至成形。
6. 取出冻好的冰棒盒，拔出冰棒，即可食用。

胡萝卜蛋糕

鸡蛋含有蛋白质、卵磷脂和多种维生素、矿物质，具有增强免疫力、健脑益智、美容护肤等功效。

90 千卡	
蛋白质（克）	脂肪（克）
3.0	2.6
糖类（克）	纤维（克）
13.7	0.3

此作法为 6 人份方便制作的大小

材料：
松饼粉…130 克
胡萝卜…50 克
水…40 毫升
鸡蛋…1 颗

1. 胡萝卜磨成泥状备用。
2. 松饼粉加入胡萝卜泥、水与鸡蛋，打匀后分装到模具中。
3. 烤箱以 150 度烤 20 分钟，取出切成 6 等份。

晶钻百香绿茶

百香果含有多种氨基酸、维生素和钙、磷、铁等营养成分，能软化血管，增加冠状动脉血流量，从而起到降血压的作用。

	93千卡	
蛋白质（克）		脂肪（克）
2.2		2.4
糖类（克）		纤维（克）
15.7		11.5

材料：
绿茶包…1个
洋菜粉…5克
蜂蜜…5克
百香果…2颗

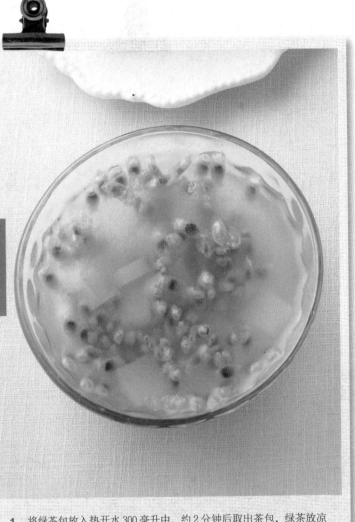

ch. 10

1. 将绿茶包放入热开水300毫升中，约2分钟后取出茶包，绿茶放凉备用。
2. 取绿茶100毫升用小火加热，加入洋菜粉煮滚后倒入碗中放凉，茶冻凝结后切成1厘米立方的小丁备用。
3. 百香果取出果肉备用。
4. 茶冻、百香果肉与蜂蜜加入放凉的200毫升绿茶中，可加入适量冰块。

双豆小米豆浆

小米含有维生素 A、维生素 D、维生素 C、维生素B_{12}、钙等营养成分，具有滋阴养血、健脾和胃、祛热解毒等功效。

92千卡

蛋白质（克）	脂肪（克）
10.9	5.2
糖类（克）	纤维（克）
25.5	5.8

材料：
豌豆…5 克
小米…10 克
水发黄豆…50 克
冰糖…适量

做法：

1. 将已浸泡 8 小时的黄豆倒入碗中，放入小米，注入适量清水。
2. 用手搓洗干净。
3. 把洗好的食材倒入滤网，沥干水分。
4. 把豌豆、黄豆、小米、冰糖倒入豆浆机中。
5. 注入适量清水，至水位线即可。
6. 盖上豆浆机机头，选择"五谷"程序，再选择"开始"键，开始打浆。
7. 待豆浆机运转约 20 分钟，即成豆浆。
8. 将豆浆机断电，取下机头。
9. 把煮好的豆浆倒入滤网，滤取豆浆。
10. 倒入碗中，用汤匙撇去浮沫即可。

鲜桃黄瓜沙拉

黄桃含有维生素C、胡萝卜素、膳食纤维、铁、钙、锌等营养成分，具有促进消化、降血糖、祛除黑斑等功效。

92千卡	
蛋白质（克）	脂肪（克）
1.4	0.32
糖类（克）	纤维（克）
19.2	1.9

材料：
黄瓜…100克
黄桃…120克

调味料：
盐…1克
白糖…2克
苹果醋…15毫升

做法：

1. 洗净的黄桃切开，去核，把果肉切小块。
2. 洗好的黄瓜切开，用斜刀切小块，备用。
3. 取一个碗，倒入切好的黄瓜、黄桃。
4. 淋入适量苹果醋，加入少许白糖、盐。
5. 搅拌均匀，至食材入味。
6. 将拌好的食材装入盘中即成。

橙香奶昔

柳橙中含有维生素 C、胡萝卜素，能软化和保护血管，促进血液循环，降低胆固醇和血脂，有利于改善高血压、高血脂等症状引起的失眠。

	94 千卡	
蛋白质（克）		脂肪（克）
2.3		1.2
糖类（克）		纤维（克）
18.5		3.6

材料：
柳橙…1 颗
低脂鲜奶…70 毫升
水…60 毫升

做法：

1. 柳橙去皮切丁备用。
2. 将水、柳橙、低脂鲜奶放入果汁机中搅打成汁。
3. 将打好的果汁倒入制冰盒中，冷冻 2 小时做成冰砖。
4. 成形的果汁冰砖放入果汁机中搅打成奶昔状即可。

猕猴桃蛋饼

鸡蛋含有蛋白质、卵磷脂和多种维生素、矿物质，具有增强免疫力、健脑益智、美容护肤等功效。

94 千卡	
蛋白质（克）	脂肪（克）
7.2	5.5
糖类（克）	纤维（克）
17	2.6

ch.10

材料：
猕猴桃…40 克
鸡蛋…1 个
牛奶…40 毫升

调味料：
白糖…7 克
生粉…15 克
水淀粉…适量
食用油…适量

做法：

1. 将去皮洗净的猕猴桃切开，再切成片。

2. 再把牛奶倒入容器中，放入切好的猕猴桃，搅拌匀。

3. 制成水果汁，待用。

4. 鸡蛋打入碗中，快速搅拌匀。

5. 加入适量白糖，搅拌几下。

6. 倒入少许水淀粉，搅拌一会至白糖溶化。

7. 再撒上适量生粉，搅拌匀。

8. 制成鸡蛋糊，备用。

9. 煎锅中注入少许食用油烧热，倒入备好的鸡蛋糊，摊开，压平。

10. 制成圆饼的形状，再用小火煎出焦香味。

11. 翻转鸡蛋饼，再煎一会，至两面熟透。

12. 关火后盛出鸡蛋饼，放置在案板上。

13. 待微微冷却后倒入备好的水果汁。

14. 再卷起鸡蛋饼呈圆筒形，切成小段，摆放在盘中即成。

杏仁苹果豆饮

杏仁含有蛋白质、不饱和脂肪酸、膳食纤维、维生素E 等营养成分，具有止咳平喘、润肠通便、美容润肤等功效。

95 千卡	
蛋白质（克）	脂肪（克）
3.5	5.5
糖类（克）	纤维（克）
5.5	2.0

材料：
苹果…半个
杏仁…5 颗
杏仁粉…10 克
豆浆…60 毫升

做法：

1. 杏仁切碎。

2. 洗净的苹果去皮，去核，切成块。

3. 将苹果块倒入榨汁机中，加入杏仁碎。

4. 放入杏仁粉。

5. 倒入豆浆。

6. 盖上盖，启动榨汁机，榨约 15 秒成豆浆汁。

7. 断电后揭开盖，将豆浆汁倒入瓶中即可。

蓝莓牛奶西米露

蓝莓含有维生素、蛋白质、钙、铁、磷、钾、锌等营养成分，能强化毛细血管，改善血液循环，对降血压有一定的作用。

95千卡	
蛋白质（克）	脂肪（克）
2.3	2.4
糖类（克）	纤维（克）
9.3	1.2

此作法为 2 人份方便制作的大小

材料：
西米…70 克
蓝莓…50 克
牛奶…90 毫升

调料：
白糖…适量

ch.10

做法：

1. 砂锅中注入适量清水烧开。
2. 倒入备好的西米，搅拌匀。
3. 盖上盖，煮沸后用小火煮约15分钟，至米粒变软。
4. 揭盖，倒入备好的牛奶，轻轻搅拌一会儿。
5. 加入少许白糖，搅拌匀。
6. 用大火续煮一会儿，至糖分溶化。
7. 关火后盛出煮好的西米露，装入汤碗，撒上蓝莓即可。

猕猴桃橙奶

橙子含有丰富的维生素C、维生素P，能增强机体抵抗力。此外，其所含的纤维素和果胶可促进肠道蠕动。幼儿食用橙子有利于清肠通便，排出体内的有害物质，还有养心润肺的功效。

此作法为2人份方便制作的大小

98千卡	
蛋白质（克）	脂肪（克）
3.7	3.3
糖类（克）	纤维（克）
9.8	1.1

材料：
橙子肉…80克
猕猴桃…50克
牛奶…150毫升

做法
1. 将去皮洗净的猕猴桃切片，再切条，改切成丁。
2. 去皮的橙子肉切成小块。
3. 取榨汁机，选搅拌刀座组合，杯中倒入切好的橙子、猕猴桃。
4. 再倒入适量牛奶。
5. 盖上盖子。
6. 选择"搅拌"功能。
7. 将杯中食材榨成汁。
8. 把榨好的猕猴桃橙奶汁倒入碗中即可。

酸奶柑橘沙拉

酸奶含有蛋白质、B族维生素、叶酸、钙、磷等营养成分，具有增强免疫力、促进消化、增进食欲等功效。

○	
98千卡	
蛋白质（克）	脂肪（克）
0.74	3.3
糖类（克）	纤维（克）
26.1	1.6

此作法为2人份方便制作的大小

材料：
去皮苹果…200克
柑橘瓣…150克
酸奶…40克
圣女果…少许

Ch.10

做法：
1. 洗净的苹果切开，去核，切成片。
2. 取一盘，摆放上柑橘瓣、苹果。
3. 浇上酸奶。
4. 放上圣女果做装饰即可。

猕猴桃奶酪

猕猴桃清香鲜美，甜酸宜人。它的维生素含量极高，可强化免疫系统，促进伤口愈合和对铁质的吸收。同时，猕猴桃还富含肌醇及氨基酸，对补充幼儿脑力所消耗的营养很有帮助。

此作法为 2 人份方便制作的大小

98千卡	
蛋白质（克）	脂肪（克）
4.0	2.0
糖类（克）	纤维（克）
13.5	1.8

材料：
低脂鲜奶…100 毫升
吉利丁…2 片
猕猴桃…110 克

做法：

1. 吉利丁放入冷水中软化备用。
2. 锅中加入低脂鲜奶、水 20 毫升和吉利丁，开小火不停地搅拌煮至吉利丁融化。
3. 将鲜奶倒到小圆盅里，放入冰箱冷 2 小时至凝固。
4. 猕猴桃切成小丁，一半研磨成泥状，淋在奶酪上，另一半猕猴桃丁直接放在奶酪上即可。

QQ 糖鸡蛋布丁

99千卡

蛋白质（克）	脂肪（克）
9.0	7.6
糖类（克）	纤维（克）
34.8	0.1

蛋黄含有蛋白质、脂溶性维生素、不饱和脂肪酸、B 族维生素、磷、铁等营养素，具有保护眼睛、健脑益智等功效。

材料：
QQ 糖…24 克
牛奶…100 毫升
清水…100 毫升
蛋黄…1 个

做法：

1. 鸡蛋取蛋黄部分放入碗中。

2. 倒入牛奶。

3. 搅拌均匀成扭蛋蛋黄液。

4. 取一小碗，加清水，将 QQ 糖导入清水中。

5. 备一大碗，倒入开水。

6. 放入装有 QQ 糖的小碗。

7. 借助开水的温度，搅拌 QQ 糖至溶化。

8. 乃锅中倒入牛奶蛋黄液。

9. 开小火，倒入溶化的 QQ 糖浆。

10. 搅拌均匀成布丁液。

11. 备好小碗，倒入布丁液至九分满。

12. 待布丁液冷切后封上保鲜膜。

13. 放入冰箱冷藏 2 ~ 3 小时至成形，即成。

杞枣双豆豆浆

红枣含有蛋白质、有机酸、维生素 A、维生素 C 及多种矿物质，具有益气补血、健脾和胃、美容养颜等功效。

	O	100 千卡	
蛋白质（克）			脂肪（克）
6.2			1.7
糖类（克）			纤维（克）
19.4			3.5

材料：
红枣…5 克
枸杞…8 克
水发黄豆…40 克
水发绿豆…30 克

做法：

1. 将洗净的红枣切开，去核，切成小块，备用。
2. 将已浸泡 6 小时的绿豆倒入碗中，放入已浸泡 8 小时的黄豆，注入适量清水。
3. 用手搓洗干净。
4. 把洗好的材料倒入滤网，沥干水分。
5. 将备好的绿豆、黄豆、红枣、枸杞倒入豆浆机中。
6. 注入适量清水，至水位线即可。
7. 盖上豆浆机机头，选择"五谷"程序，再选择"开始"键，开始打浆。
8. 待豆浆机运转约 15 分钟，即成豆浆。
9. 将豆浆机断电，取下机头。
10. 把煮好的豆浆倒入滤网，滤取豆浆。
11. 将滤好的豆浆倒入碗中即可。

水果魔方

西瓜含有葡萄糖、苹果酸、氨基酸、维生素 C 等营养成分，具有养颜护肤、清热解暑、降血压等功效。

100千卡		
蛋白质（克）		脂肪（克）
1.4		**1.2**
糖类（克）		纤维（克）
16.2		**1**

此作法为 2 人份方便制作的大小

材料：
西瓜…150 克
火龙果…100 克
猕猴桃…70 克
樱桃…20 克
鲜薄荷叶…少许

ch.10

做法：

1. 将洗净的猕猴桃去皮，切成长方块。
2. 洗好的火龙果去皮，把果肉切成小方块。
3. 西瓜取果肉，切成小方块，备用。
4. 取一个水果盘，摆入切好的水果，呈魔方的形状。
5. 最后点缀上洗净的樱桃、鲜薄荷叶即成。

南瓜拌饭

南瓜含有丰富的锌，能参与人体内核酸、蛋白质的合成，是人体生长发育的重要物质。它还含有钙、钾、磷、镁等成分，能促进胆汁分泌，加强胃肠蠕动，有利于消脂瘦身。

262 千卡

蛋白质（克）	脂肪（克）
14.5	1.3
糖类（克）	纤维（克）
77.5	2.0

材料：
南瓜…90 克
芥菜叶…60 克
水发大米…150 克

调味料：
盐…少许

做法：

1. 把去皮洗净的南瓜切片，再切成条，改切成粒。
2. 洗好的芥菜切丝，切成粒。
3. 将大米倒入碗中，加入适量清水。
4. 把切好的南瓜放入碗中，备用。
5. 分别将装有大米、南瓜的碗放入烧开的蒸锅中。
6. 盖上盖，用中火蒸 20 分钟至食材熟透。
7. 揭盖，把蒸好的大米和南瓜取出待用。
8. 汤锅中注入适量清水烧开，放入芥菜，煮沸。
9. 放入蒸好的南瓜，搅拌均匀。
10. 在锅中加入适量盐。
11. 用锅勺拌匀调味。
12. 将煮好的食材盛出，装入碗中即成。

菠萝蒸饭

菠萝营养丰富，含有糖类、蛋白质、脂肪、维生素、蛋白质分解酵素及钙、铁、有机酸等成分。尤其以维生素 C 含量最高，幼儿食用菠萝能解暑止渴，消食止泻。

312千卡	
蛋白质（克）	脂肪（克）
6.6	2.5
糖类（克）	纤维（克）
41.3	1.2

材料:
菠萝肉…70 克
水发大米…75 克
牛奶…50 毫升

做法:

1. 将水发好的大米装入碗中，倒入适量清水，待用。
2. 菠萝肉切片，再切成条，改切成粒。
3. 烧开蒸锅，放入处理好的大米。
4. 盖上盖，用中火蒸 30 分钟至大米熟软。
5. 揭盖，将菠萝放在米饭上，加入牛奶。
6. 盖上盖子，用中火蒸 15 分钟。
7. 揭盖，把蒸好的菠萝米饭取出。
8. 用筷子翻动，稍冷却后即可食用。

焗烤野菇通心面

谁说瘦身时不能吃焗烤？使用低脂起司与低脂牛奶，热量低又可以满足口腹之欲。利用鲜奶煮出浓稠的口感，不必添加奶油和面粉，也可以做出美味的白酱料理。

320 千卡

蛋白质（克）	脂肪（克）
23.1	7.3
糖类（克）	纤维（克）
40.5	7.1

材料：
通心面（生）…60 克
鸡丁…35 克
西兰花…60 克
鸿喜菇…50 克
金针菇…20 克
洋葱…40 克
鲜香菇…50 克
鸡骨高汤…50 毫升
低脂牛奶…100 毫升
低脂起司…20 克

调味料：
黑胡椒粉…少许
盐…1/8 茶匙

做法：
1. 煮一锅水，将通心面煮熟，盛盘备用
2. 金针菇、鸿喜菇、西兰花洗净切成小株。
3. 洋葱、鲜香菇洗净切片。
4. 热锅，倒入 1/4 茶匙油，放入洋葱炒香，加一点鸡骨高汤帮助洋葱软化；再加入鸡丁、金针菇、鸿喜菇、鲜香菇一起炒至稍软后，加入西兰花翻炒。加入鸡骨高汤、盐、鲜奶煮滚后，放入通心面一起拌炒均匀再装到烤盅里。
5. 在通心面上铺上起司，烤箱以 200 度烤 8～10 分钟，起司呈现金黄色即可取出，食用前撒上黑胡椒粒即可。

什锦大阪烧

大阪烧里有满满的蔬菜，很适合瘦身时吃，不过大阪烧通常会加入许多肉类、涂上甜甜的酱汁，糖与盐分都过高，因此我们减少酱汁与肉类的分量，使用大量蔬菜来增加饱足感。

327 千卡

蛋白质（克）	脂肪（克）
17.4	13.3
糖类（克）	纤维（克）
34.4	1.8

此作法为 2 人份方便制作的大小

材料：
包菜…55 克
四季豆…70 克
胡萝卜…50 克
鸡蛋…1 个
面粉…95 克
肉末…65 克
柴鱼片…少许
海苔丝…少许
沙拉酱…适量

调味料：
食用油…适量

做法：

1. 将洗净的胡萝卜、包菜切丝；洗干净的四季豆斜刀切片。
2. 把面粉倒入碗中，加入切好的四季豆。
3. 放入胡萝卜丝和包菜丝，拌匀，加入肉末，搅散。
4. 打入鸡蛋，拌匀，加入盐，快速搅拌一会儿。
5. 再分次注入适量清水，拌匀，调成面糊，待用。
6. 煎锅置火上，注入适量食用油，烧热，放入面糊，铺开，摊平。
7. 用中火煎一会儿，呈圆饼状，再来回翻转圆饼，煎至两面熟透。
8. 关火后盛入盘中，挤上沙拉酱，撒上柴鱼片和海苔丝即可。

木瓜蔬果蒸饭

木瓜含有蛋白质、水、维生素 A、维生素 C、维生素 E 及铁、钠、钙等营养成分，具有健脾止泻、增强抵抗力、通乳抗癌等功效。

○ 327 千卡	
蛋白质（克）	脂肪（克）
19.0	11.0
糖类（克）	纤维（克）
38.5	6.0

此作法为 2 人份方便制作的大小

材料：
木瓜…500 克
水发大米…70 克
水发黑米…70 克
胡萝卜…30 克
葡萄干…25 克
青豆…30 克

调味料：
盐…3 克
食用油…适量

做法：

1. 洗净的木瓜切去一小部分，用刀平行雕刻成一个木瓜盖和盅，挖去内籽及木瓜肉。
2. 将木瓜肉切成小块。
3. 木瓜盅倒入黑米、大米、青豆、胡萝卜、木瓜、葡萄干。
4. 加入食用油、盐。
5. 注入适量清水，拌匀待用。
6. 蒸锅中注入适量清水烧开，放入木瓜盅。
7. 加盖，大火蒸 45 分钟至食材熟软。
8. 揭盖，关火后取出木瓜盅。

烧肉拌饭

此道烧肉拌饭是不用油烹调的美食，只要小心不要加太多酱料，不要过咸，这道美食也很适合在努力瘦身时食用喔！

329 千卡

蛋白质（克）	脂肪（克）
19.0	11.0
糖类（克）	纤维（克）
38.5	6.0

Ch. 10

材料：

五谷饭…100 克
牛肉片…70 克
胡萝卜…30 克
白萝卜…30 克
豆芽菜…40 克
菠菜…70 克
海苔丝…少许
黑、白芝麻…少许

腌料：

酱油…1/2 茶匙
糖…1/4 茶匙
米酒…1/4 茶匙

酱料：

姜末…1/2 茶匙
葱末…1/2 茶匙
酱油…1 茶匙
昆布高汤…1/2 茶匙

做法：

1. 菠菜洗净切段，胡萝卜、白萝卜洗净切丝。
2. 牛肉片用酱料腌 15 分钟后，进入烤箱烤 10～15 分钟，烤熟备用。
3. 煮一锅水，将菠菜、胡萝卜、白萝卜、豆芽菜烫熟后备用。
4. 酱料拌匀后，分别让做法 3 烫好的蔬菜均匀裹上酱料。
5. 取一碗，盛上五谷饭，饭上放烤好的牛肉片与蔬菜，再放上海苔丝或黑、白芝麻装饰。

海鲜炖饭

341 千卡

蛋白质（克）	脂肪（克）
24.8	10.3
糖类（克）	纤维（克）
37.5	2.4

一般海鲜炖饭是使用奶油去炒，但是奶油为氢化油脂，不适合经常食用，因此我们改用橄榄油并以小火烹调。

材料：
白米…40 克
草虾…3 尾
墨鱼…20 克
文蛤…3 颗
洋葱…40 克
西红柿…50 克
胡萝卜…30 克
鲜香菇…40 克
大蒜…2 颗
鸡骨高汤…200 毫升

调味料：
黑胡椒粉…少许
盐…1/4 茶匙

做法：

1. 草虾洗净剪去须，墨鱼切片。

2. 洋葱、胡萝卜、香菇、番茄、大蒜切片。

3. 热锅，倒入 1/4 茶匙油，放入洋葱、大蒜炒香，可加一点鸡骨高汤帮助洋葱软化；再加入胡萝卜、香菇、番茄一起炒至半熟，倒入白米一起翻炒，把原本是半透明的米炒成白色，再加点盐炒匀后把米铺平，加入鸡骨高汤把饭刚好盖过即可。

4. 米上放草虾、墨鱼、文蛤，再加入鸡骨高汤把料盖过即可，转小火焖煮 20 分钟。

5. 汤汁收干，米煮成饭时即可起锅装盘，食用前撒上黑胡椒粒即可食用。

猪排蛋包饭

一般市售猪排蛋包饭的猪排是用炸的，加上饭量较多，一份热量会高达 700 千卡以上，且还会摄取到不必要之油脂与裹粉的热量。因此此道美食不裹粉、不油炸、饭量减半、蔬菜增加，就可以降低许多热量。

ch. 10

○

342 千卡

蛋白质（克）	脂肪（克）
24.5	9.3
糖类（克）	纤维（克）
40.0	3.0

材料：
糙米饭…100 克
猪肉排…50 克
鸡蛋…1 颗
洋葱…80 克
胡萝卜…30 克
青椒…20 克
咖哩粉…1 茶匙

调味料：
酱油…1/2 茶匙
糖…1/4 茶匙
米酒…1/4 茶匙

做法：

1. 洋葱、胡萝卜、青椒洗净后切成小丁；鸡蛋打匀备用。

2. 猪肉排用腌料腌过后，利用烤箱烤 15 分钟，烤熟后切成长条状备用。

3. 取洋葱片 20 克与胡萝卜片 10 克用少许水炒熟后，加入 1 茶匙咖哩粉、酱油膏 1/2 茶匙、水 100 毫升、少许太白粉水，煮成咖哩酱汁备用。

4. 炒锅中倒入 1/2 茶匙油，把蛋液倒入形成一圆形薄蛋皮状，待底部熟后翻面续煎成两面金黄的蛋皮，起锅，盛盘备用。

5. 取一炒锅，放入 1 汤匙水，加入 60 克洋葱炒香，再加入 20 克胡萝卜炒熟，放入糙米饭续炒，炒匀后加入青椒炒 1 分钟，即可起锅。把炒饭放入蛋皮中，利用蛋皮包覆炒饭即可。

6. 把切好的猪排放在蛋包饭上，倒上做法 3 的咖哩酱即可食用。

苦瓜糙米饭

糙米含有较多的 B 族维生素、维生素 E，能提高机体免疫功能，促进血液循环。此外，糙米还含有钾、镁、锌、铁等营养元素，有利于预防心血管疾病，对缓解高血压以及并发症均有帮助。

此作法为 2 人份方便制作的大小

○ 268 千卡	
蛋白质（克）	脂肪（克）
3.6	0.12
糖类（克）	纤维（克）
44.5	0.3

材料：
水发糙米…170 克
苦瓜…120 克
红枣…20 克

做法：

1. 将洗净的苦瓜切开，去除瓜瓤，再切条形，改切成小丁。
2. 锅中注入适量清水烧开。
3. 倒入苦瓜丁，搅拌匀，煮约半分钟。
4. 捞出煮好的苦瓜，沥干水分，待用。
5. 取一个干净的蒸碗，倒入洗净的糙米、焯煮好的苦瓜，铺平。
6. 注入适量清水，放入洗净的红枣。
7. 蒸锅上火烧开，放入蒸碗。
8. 盖上盖，用中火蒸约 40 分钟，至食材熟透。
9. 关火后揭开盖，取出蒸熟的糙米饭。
10. 待稍微冷却后即可食用。

图书在版编目（CIP）数据

　　不节食也能瘦的营养瘦身餐/廖欣仪主编. —乌鲁木齐:
新疆人民卫生出版社, 2015.6
　　ISBN 978-7-5372-6250-7

　　Ⅰ.①不… Ⅱ.①廖… Ⅲ.①减肥－食谱 Ⅳ.
①TS972.161

　　中国版本图书馆CIP数据核字(2015)第125129号

不节食也能瘦的营养瘦身餐

BUJIESHI YENENGSHOUDE YINGYANG SHOUSHENCAN

出版发行	新疆 人民出版总社 新疆 人民卫生出版社	
策划编辑	卓　灵	
责任编辑	胡赛音	
版式设计	季晓彤	
封面设计	曹　莹	
地　　址	新疆乌鲁木齐市龙泉街196号	
电　　话	0991-2824446	
邮　　编	830004	
网　　址	http://www.xjpsp.com	
印　　刷	深圳市雅佳图印刷有限公司	
经　　销	全国新华书店	
开　　本	173毫米×243毫米　16开	
印　　张	12	
字　　数	150千字	
版　　次	2015年9月第1版	
印　　次	2015年9月第1次印刷	
定　　价	35.00元	